RECHERCHES THÉORIQUES

ET EXPÉRIMENTALES

SUR LES

ROUES A RÉACTION OU A TUYAUX.

IMPRIMERIE DE FAIN ET THUNOT,
IMPRIMEURS DE L'UNIVERSITÉ ROYALE DE FRANCE,
Rue Racine, 28, près de l'Odéon.

RECHERCHES THÉORIQUES

ET EXPÉRIMENTALES

SUR LES

ROUES A RÉACTION

OU A TUYAUX,

PAR M. CH. COMBES,

INGÉNIEUR EN CHEF DES MINES, PROFESSEUR A L'ÉCOLE ROYALE DES MINES.

PARIS.

CARILIAN-GŒURY ET Vor DALMONT, ÉDITEURS,

LIBRAIRES DES CORPS ROYAUX DES PONTS ET CHAUSSÉES ET DES MINES,

Quai des Augustins, 39 et 41.

1843.

RECHERCHES THÉORIQUES

ET EXPÉRIMENTALES

SUR LES

ROUES A RÉACTION OU A TUYAUX.

§ 1ᵉʳ. J'appelle roue à réaction ou roue à tuyaux, une machine qui consiste essentiellement en une série annulaire de tuyaux contigus, séparés les uns des autres par des cloisons assez minces pour que leur épaisseur puisse être négligée, et comprises entre deux surfaces de révolution quelconques autour d'un axe vertical, qui est celui autour duquel tournera la machine. Tous les tuyaux sont courbés de telle sorte que la vitesse relative du fluide, à sa sortie des tuyaux qu'il a parcourus, soit directement opposée à la vitesse avec laquelle l'orifice d'écoulement tourne autour de l'axe de la machine, et que la vitesse absolue du fluide, lorsqu'il abandonne celle-ci, soit égale à l'excès positif ou négatif de sa vitesse relative sur la vitesse d'entraînement de l'orifice du canal. Les orifices d'admission de ces tuyaux ou canaux mobiles forment une portion de surface cylindrique droite à base circulaire, dont l'axe se confond avec l'axe de rotation, comme dans les roues de Manoury d'Ectot, de M. Burdin, de M. Fourneyron; ou bien ils sont contenus dans une surface plane perpendiculaire à l'axe, comme dans la roue dont Euler a donné la description et la théorie, dans les mémoires de l'Académie de Berlin, année 1754. Je suppose, dans ce dernier cas, leur largeur dans le sens des rayons aboutissant à l'axe, fort petite, de sorte que tous leurs points puissent être censés équidistants de l'axe. Ces orifices d'admission tournent devant une fente annulaire appartenant au réservoir par lequel afflue l'eau motrice, ou mise en mouvement; j'admets que cette fente a la même largeur, dans le sens perpendiculaire à la vitesse de rotation, que la surface qui contient les orifices d'admission des tuyaux mobiles, de sorte qu'en négligeant le jeu indispensable dans la construction, la surface de cette fente se confonde avec celle qui contient les orifices d'admission des tuyaux mobiles. En arrière de la fente est généralement établie une série circulaire de cloisons fixes qui constituent des tuyaux *adducteurs* contigus, lesquels déterminent la direction suivant laquelle le fluide jaillit du réservoir. Les appareils de ce genre peuvent être employés comme roues hydrauliques motrices; telles sont les roues de Segner, d'Euler, Manoury d'Ectot, M. Burdin, M. Fourneyron, ou comme machines à élever ou déplacer de l'eau ou de l'air, ou à imprimer à ces fluides une vitesse dans une direction déterminée; telles sont les roues à force centrifuge de Demours, les ventilateurs aspirants et soufflants.

Les figures 1 et 2, pl. I, représentent deux des modèles de roues motrices que j'ai mis en expérience. La partie à droite de ces figures est relative au premier modèle, et la partie à gauche au second. Dans les deux appareils, l'eau motrice arrive par un canal horizontal situé au-dessous de la machine, et vient déboucher par l'espace annulaire compris entre le prolongement inférieur de cet arbre et le cylindre à bords évasés MM′, sous le disque AB fixé à l'arbre vertical de la roue, avec une vitesse dirigée verticalement de bas en haut. Sur les bords MM′ sont implantées une série circulaire de cloisons fixes en tôle, cylindriques, et dont les tranches supérieures viennent raser la surface inférieure du disque mobile AB. L'ensemble de ces cloisons, au nombre de 20, qui viennent couper la circonférence de rayon OM sous un angle de 45 degrés sexagésimaux, dans le premier modèle, et de 30 degrés dans le second, forme une suite de tuyaux *adducteurs* qui sont remplis par l'eau motrice affluente, et déterminent la direction suivant laquelle cette eau arrive à la surface cylindrique de rayon OM et de hauteur MN qui est vis-à-vis le pourtour intérieur de la roue motrice. L'eau sortant des tuyaux adducteurs fixes, s'engage dans les tuyaux mobiles formés par une série de cloisons cylindriques à axe vertical, attachées par leurs tranches supérieures, au contour annulaire du disque de la roue. Ces cloisons, sur le tracé desquelles nous reviendrons, sont tangentes à la surface cylindrique formant le pourtour extérieur de la roue, qui prend un mouvement de rotation dans le sens de la flèche xy, de telle sorte que la vitesse relative avec laquelle l'eau sort des tuyaux mobiles soit directement opposée à la vitesse avec laquelle les orifices de ces tuyaux sont emportés dans le mouvement circulaire de la roue.

Ce dispositif général est semblable à celui des *turbines* de M. Fourneyron, lorsque la vanne est entièrement levée, avec cette différence que l'eau motrice arrive en dessous de la roue, au lieu d'arriver en dessus, et que le faisceau liquide moteur vient s'infléchir, en remontant de bas en haut, contre le disque mobile de la roue elle-même, au lieu de s'infléchir, en descendant de haut en bas, contre le fond horizontal fixe d'un réservoir ou d'une *huche* alimentaire. La disposition que j'ai préférée est celle que Manoury d'Ectot, et d'autres avant lui, avaient déjà mise en œuvre dans des constructions de roues de ce genre. Elle présente, à mon avis, des avantages sur lesquels je reviendrai plus loin.

Que l'on conçoive d'ailleurs que les tuyaux adducteurs et les tuyaux mobiles viennent aboutir à une surface plane horizontale annulaire, comprise entre deux circonférences assez rapprochées dont le centre commun sera sur l'axe de la machine, et que les tuyaux mobiles sont limités par deux surfaces de révolution autour de l'axe, dont les deux circonférences dont j'ai parlé seront des parallèles, on aura la roue motrice imaginée par Euler, et décrite dans son mémoire de 1754.

§ 2. Je reviens à la théorie générale que je veux d'abord exposer, et que j'ai dû faire précéder de l'explication d'une figure, afin que l'on comprît bien le sens que j'attache aux mots *tuyaux adducteurs, tuyaux mobiles*, et que l'on vît que je regarde les aubes des roues dont je m'occupe, non comme des aubes simples, mais comme les parois latérales de *tuyaux* ouverts par les deux bouts.

Le fluide *moteur*, dans les roues hydrauliques motrices, ou le fluide *aspiré*, dans les machines analogues aux ventilateurs, passe des tuyaux adducteurs dans les tuyaux mobiles qui tournent devant eux et tout près d'eux. Si la distance entre le pourtour de la roue et les orifices des tuyaux adducteurs est fort petite, on pourra négliger l'influence de la fente existante entre les tuyaux mobiles de la roue et les tuyaux fixes adducteurs, et admettre que le fluide passe directement des premiers dans les seconds, sans qu'il s'en perde par la fente dans le milieu environnant, et sans que les particules liquides ou aériformes de ce milieu aspirées par cette fente se mêlent au fluide qui circule dans l'appareil, quoique la pression de ce dernier fluide, au passage des tuyaux adducteurs dans la roue, soit différente de la pression extérieure, comme cela a lieu généralement. Cette différence entre les pressions du fluide en mouvement et du milieu ambiant, qui est évidente pour la machine à force centrifuge et les ventilateurs, existe aussi dans les roues motrices et n'avait été signalée explicitement ni par Euler, ni par aucun des auteurs qui ont traité ce sujet, avant le mémoire que j'ai adressé à l'Académie des sciences, le 16 avril 1838. Elle sert de base fondamentale à la théorie de ces machines.

Les orifices réunis de tous les tuyaux adducteurs et de tous les tuyaux mobiles aboutissent à une surface cylindrique droite, ou à une surface annulaire horizontale dont tous les points sont situés à peu près à la même distance de l'axe de rotation. J'appelle A l'aire de cette surface, r_0 la distance de chacun de ses points à l'axe de rotation (r_0 sera la distance moyenne, quand cette surface ne sera pas cylindrique à axe vertical). Les tuyaux adducteurs, qui aboutissent à la surface A, ne s'embranchent pas en général perpendiculairement à celle-ci. Ils sont inclinés sur elle d'un angle qui est celui sous lequel toutes les cloisons ab, $a'b'$ viennent la rencontrer. Je désigne par 6 cet angle compris entre le prolongement de la tangente au profil d'une des cloisons, et la tangente à la circonférence de rayon r_0, menée dans le sens du mouvement de rotation de la roue. Je désigne par α l'angle sous lequel les cloisons qui forment les parois latérales des tuyaux mobiles viennent rencontrer la même surface A (l'angle α étant compris entre la tangente aux cloisons menée suivant la direction de la vitesse relative du fluide entrant dans ces tuyaux mobiles, et la tangente à la circonférence de rayon r_0 menée dans le sens du mouvement de rotation de la roue). D'après ces dénominations, la somme totale des aires normales à la di-

rection moyenne des filets fluides sortant des tuyaux adducteurs , aires
que l'on peut prendre pour celles des orifices de ces tuyaux , sera , abstraction faite de l'épaisseur des cloisons cylindriques, A Sin. ε; et la
somme des aires des orifices par lesquels le fluide entre dans les tuyaux
mobiles, sera A sin α.

Je pose pour abréger

$$A \sin \varepsilon = A$$
$$A \sin \alpha = A_0.$$

Je désigne par A, la somme des aires des orifices par lesquels le fluide
sort des tuyaux mobiles (l'orifice d'écoulement de chaque tuyau mobile peut être considéré, quand les cloisons sont très-rapprochées, comme
un rectangle qui a pour hauteur, la hauteur des aubes au pourtour extérieur de la roue, et pour base la normale abaissée, dans le profil, de
l'extrémité d'une cloison, sur la convexité de la cloison suivante). Je
nomme r, la distance des orifices de sortie des tuyaux mobiles à l'axe
fixe. Cette distance est à peu près constante dans tous les cas, et l'on
peut prendre pour r, le rayon extérieur de la roue, dans les machines
analogues à celles qui sont représentées, fig. 1 et 2.

J'appelle w la vitesse angulaire de rotation de la roue;

v, la vitesse avec laquelle le fluide jaillit à sa sortie des tuyaux adducteurs ;

u_0, la vitesse relative avec laquelle le fluide commence à couler dans
les tuyaux mobiles ;

u_1, la vitesse relative avec laquelle le fluide sort des mêmes tuyaux.

H, la distance verticale de l'eau entre la surface de l'eau dans le biez
qui alimente la machine, et la surface de l'eau dans le biez qui reçoit l'eau
débitée par celle-ci. Dans le cas des roues motrices immergées, H est une
hauteur positive. Dans le cas des machines aspirantes, H sera une hauteur négative. Enfin, dans le cas des machines motrices non immergées,
H sera la distance verticale moyenne entre la surface de l'eau dans le
biez alimentaire et les orifices d'écoulement des tuyaux mobiles.

z_0, la distance verticale positive ou négative de la surface de l'eau,
dans le biez alimentaire, aux orifices des tuyaux adducteurs.

$z_,$, la distance verticale positive ou négative entre les orifices d'entrée et de sortie des tuyaux mobiles.

h_0, la hauteur qui mesure la pression exprimée en colonne d'eau, qui a lieu dans le liquide en mouvement, à sa sortie des tuyaux adducteurs.

$h_,$ La hauteur qui mesure la pression en colonne d'eau qui s'exerce sur les orifices d'écoulement des tuyaux mobiles. (C'est la hauteur d'une colonne d'eau équivalente à la pression atmosphérique, plus la hauteur de la colonne d'eau qui peut exister constamment au-dessus de ces orifices.)

h La hauteur qui mesure la pression qui s'exerce sur la surface de l'eau, dans le biez alimentaire (c'est la pression atmosphérique). La hauteur positive ou négative H est égale à $h + z_0 + z_, - h_,$.

La vitesse v avec laquelle l'eau sortira des tuyaux adducteurs, sera due à la hauteur $h + z_0 - h_0$. On aura donc, en désignant par μ un coefficient de réduction qui dépend de la forme de ces orifices et qui doit être déterminé par l'expérience :

$$v^2 = 2\mu^2 g \, (h + z_0 - h_0). \tag{1}$$

S'il n'y a pas de choc de l'eau, à sa sortie des canaux adducteurs, contre les parois latérales des tuyaux mobiles, la vitesse absolue v de l'eau, à sa sortie des tuyaux adducteurs, devra être la diagonale du parallélogramme dont u_0 et wr_0 seront les deux côtés. L'angle compris entre la diagonale v et le côté wr_0 étant égal à ϵ, on aura l'équation :

$$u_0^2 = v^2 + w^2 r_0^2 - 2 v \, wr_0 \cos \epsilon. \tag{2}$$

L'équation du mouvement relatif de l'eau, dans les canaux mobiles, serait, abstraction faite de la résistance due au frottement du liquide contre les parois :

$$u_,^2 - u_0^2 = 2g \, (h_0 + z_, - h_,) + w^2 \, (r_,^2 - r_0^2).$$

Mais si l'on a égard au frottement de l'eau, et si on le suppose proportionnel au périmètre mouillé et au carré de la vitesse de l'eau, dans une section transversale quelconque du canal, la résistance due au frottement introduit dans le second membre de cette équation un terme négatif de la forme — Ku_i^2, dans lequel K est un coefficient numérique qui ne dépend que de la forme de chacun des canaux mobiles. $\dfrac{Ku_i^2}{2g}$ est la *hauteur* perdue, ou absorbée par le frottement de l'eau dans chacun des canaux mobiles (voyez la note *A*). L'équation du mouvement relatif de l'eau, dans les canaux mobiles, est donc, en ayant égard au frottement de l'eau :

$$u_i^2 - u_o^2 = 2g\,(h_o + z_i - h_i) + w^2(r_i^2 - r_o^2) - Ku_i^2. \tag{3}$$

Enfin, le même volume d'eau devant, dans chaque unité de temps, jaillir des tuyaux adducteurs, entrer dans les tuyaux mobiles et sortir de ces tuyaux, abstraction faite des fuites d'eau par le jeu annulaire existant entre les tuyaux adducteurs et la roue, fuites que nous négligeons ici, on a, en appelant Q le volume d'eau dépensé dans l'unité de temps :

$$Av = A_o\,u_o = A_i\,u_i = Q. \tag{4}$$

§ 3. On sait que le choc de l'eau, à l'entrée des tuyaux mobiles, occasionne une perte de forces vives, et par conséquent du **travail moteur** transmis à la roue, et que la hauteur génératrice de la vitesse absolue que l'eau conserve en abandonnant une machine hydraulique est perdue pour le travail transmis à cette roue; de là, ce principe généralement connu de tous les mécaniciens, que les roues hydrauliques doivent être tellement disposées, et tourner avec une vitesse telle, que *l'eau y entre sans choc, et en sorte sans vitesse.*

Or, je dis qu'une roue à tuyaux quelconque, qui satisfait aux conditions générales énoncées précédemment, étant donnée et supposée construite, il est également possible de déterminer l'inclinaison qu'il faut donner aux tuyaux *adducteurs*, pour que, sous une certaine vitesse angulaire qui dépendra de la hauteur de la chute, et des formes de la roue, les deux conditions de l'entrée de l'eau sans choc, et de sa sortie sans vitesse soient satisfaites en même temps.

En effet, pour que l'eau sorte sans vitesse absolue, il faut et il suffit, à cause de l'inclinaison finale des tuyaux mobiles, que la vitesse angulaire w de la roue satisfasse à la condition :

$$u_{,} = wr_{,}. \qquad (m)$$

D'un autre côté pour que l'eau entre sans choc, il faut et il suffit que la vitesse v avec laquelle l'eau sort des tuyaux adducteurs soit la diagonale d'un parallèlogramme dont un des côtés soit la vitesse wr_{0}, et dont l'autre côté soit tangent à l'origine des cloisons qui limitent les tuyaux mobiles. α étant donc l'angle compris entre ces cloisons et la tangente suivant laquelle est dirigée la vitesse wr_{0}, angle qui est connu, puisque la roue est supposée construite, et ε étant l'angle inconnu que les cloisons des tuyaux adducteurs devront former avec la même tangente, on aura, entre la diagonale v et les côtés wr_{0}, u_{0} du parallèlogramme, la relation :

$$v \cos \varepsilon = wr_{0} + u_{0} \cos \alpha. \qquad (n)$$

Mais on a nécessairement, quelles que soient d'ailleurs les vitesses v, u_{0}, $u_{,}$:

$$Av = A_{0} u_{0} = A_{,} u_{,}. \qquad (d)$$

D'ailleurs nous avons vu que

$$A = \mathcal{A} \sin \varepsilon, \quad A_{0} = \mathcal{A} \sin \alpha.$$

L'équation (p) revient donc à celle-ci :

$$\mathcal{A} \sin \varepsilon \times v = \mathcal{A} \sin \alpha \times u_{0} = A_{,} u_{,},$$

d'où

$$v = \frac{A_{,} u_{,}}{\mathcal{A} \sin \varepsilon} ; \quad u_{0} = \frac{A \sin \alpha}{A_{,} u_{,}}.$$

Substituant ces valeurs dans l'équation (n), il vient :

$$\frac{A_{,} u_{,}}{\mathcal{A}} \cot \varepsilon = wr_{0} + \frac{A_{,} u_{,}}{\mathcal{A}} \cot \alpha. \qquad (a)$$

D'ailleurs

$$wr_0 = wr_1 \times \frac{r_0}{r_1};$$

et en vertu de la relation (m) :

$$wr_0 = u_1 \times \frac{r_0}{r_1};$$

portant cette valeur de wr_0 dans l'équation (a), il vient :

$$\frac{A_1 u_1}{A} \cot \theta = u_1 \times \frac{r_0}{r_1} + \frac{A_1 u_1}{A} \cot \alpha.$$

Divisant l'équation par le facteur u_1 :

$$\frac{A_1}{A} \cot \theta = \frac{r_0}{r_1} + \frac{A_1}{A} \cot \alpha,$$

d'où

$$\cot \theta = \frac{A}{A_1} \times \frac{r_0}{r_1} + \cot \alpha. \tag{A}$$

L'angle α étant donné, cette équation fournit une valeur correspondante de l'angle θ, sous lequel les parois latérales des tuyaux adducteurs doivent venir rencontrer la surface A devant laquelle tournent les tuyaux mobiles.

Si on place devant la roue donnée, une série de tuyaux adducteurs, inclinés sous l'angle θ ainsi déterminé, on sera certain que, si pour une certaine vitesse angulaire l'eau abandonne la roue sans vitesse absolue, elle entrera aussi sans choc dans les tuyaux mobiles, et que les deux conditions seront remplies simultanément. Ceci est une pure relation de forme, de géométrie, qui pourrait se démontrer indépendamment de toute notion de mécanique. Elle n'apprend rien d'ailleurs sur la vitesse angulaire, pour laquelle la double condition de l'entrée sans choc et de la sortie sans vitesse sera remplie, vitesse angulaire qui dépend essentiellement de la hauteur de la chute et des résistances dues au frottement de l'eau dans la machine. Il peut même arriver qu'elle n'existe pas. (Voyez la note, page 10).

2

§ 4. **En** ajoutant les équations (2) et (3) du paragraphe 2, il vient :

$$u_i^2 (1 + K) = v^2 + w^2 r_i^2 + 2g (h_0 + z_i - h_i) - 2vwr_0 \cos 6.$$

Nous pouvons ajouter au second membre de cette équation : $2g (h + z_0 - h_0)$, et en retrancher $\dfrac{v^2}{\mu^2}$, qui lui est égal en vertu de l'équation (1) : $2g$ est alors multiplié par $h + z_0 + z_i - h_i = H$, et l'équation se réduit à :

$$u_i^2 (1 + K) = w^2 r_i^2 - v^2 \left(\frac{1}{\mu^2} - 1 \right) + 2gH - 2vwr_0 \cos 6.$$

Si on y introduit la condition $u_i = wr_i$, on a :

$$Ku_i^2 = 2gH - v^2 \left(\frac{1}{\mu^2} - 1 \right) - 2vwr_0 \cos 6.$$

Remplaçant v par sa valeur tirée de l'équation :

$$Av = A_i u_i,$$

et wr_0 par

$$wr_i \times \frac{r_0}{r_i} = u_i \times \frac{r_0}{r_i},$$

on a :

$$Ku_i^2 = 2gH - \frac{A_i^2}{A^2} u_i^2 \left(\frac{1}{\mu^2} - 1 \right) - 2 \frac{A_i r_0}{A r_i} u_i^2 \cos 6; \qquad \text{(M)}$$

d'où :

$$u_i = \sqrt{ \frac{2gH}{ K + \frac{A_i^2}{A^2} \left(\frac{1}{\mu^2} - 1 \right) + 2 \frac{A_i r_0}{A r_i} \cos 6 } }.$$

Cette valeur qui, toutes choses égales d'ailleurs, demeure proportionnelle à la racine carrée de la chute H, est subordonnée à la connaissance des coefficients numériques K et μ (*). Supposant ces nombres détermi-

---

(*) Il faut et il suffit, pour que la double condition de l'entrée sans choc et de la sortie sans vitesse puisse être satisfaite, que la valeur de u_i soit réelle. En généralisant la question le

nés, on aura le volume d'eau dépensé en multipliant la vitesse u_i par la surface A_i, et la vitesse angulaire w correspondante, en divisant u_i par le rayon r_i.

Cette vitesse w pourra bien être différente de celle pour laquelle la roue utilisera le maximum du travail moteur total de la chute d'eau, parce que la *hauteur d'eau perdue* ne se compose pas seulement de la hauteur due à la vitesse finale et à la perte de forces vives à l'entrée, mais encore de celle qui est absorbée par les frottements de l'eau dans l'intérieur des tuyaux mobiles, exprimée par $\dfrac{K u_i^2}{2g}$, par le frottement entre les parties solides de l'appareil, et par la résistance du milieu ambiant. Quand u_i et w iront ensemble en croissant, comme cela arrive, lorsque r_i est plus grand que r_o, on voit que la vitesse pour laquelle la roue donnera l'effet utile maximum, sera toujours inférieure à celle pour laquelle l'eau entrera sans choc et sortira sans vitesse absolue.

Dans les roues qui sont dépourvues de tuyaux adducteurs, la vitesse absolue des filets liquides entrant dans les tuyaux mobiles est perpendiculaire à la direction de la vitesse $w r_o$. On exprimera cette condition

---

plus possible, il faudra distinguer deux cas, savoir : celui dans lequel la hauteur H est positive, qui est celui des roues motrices, et celui dans lequel H est négatif, qui est celui des machines aspirantes. Dans le premier, la valeur de u_i est réelle, toutes les fois que l'angle ς est inférieur à 90°, et même lorsque cet angle est obtus, pourvu que la valeur numérique de son

cosinus soit inférieure à $\dfrac{1}{2} \dfrac{\left(K + \left(\dfrac{1}{\mu^2} - 1 \right) \dfrac{A_i^2}{A^2} \right) A r_i}{A_i r_o}$. Si H est négatif, la valeur de u_i est

imaginaire pour toutes les valeurs de l'angle ς inférieures à l'angle obtus dont le cosinus est numériquement plus petit que l'expression précédente. Si on négligeait les frottements, $\varsigma = 90°$ serait la limite supérieure des angles, dans le cas de H positif, et leur limite inférieure dans le cas de H négatif. Pour $H = 0$, la valeur de u_i serait nulle, à moins que l'angle ς ne fût égal à 90°. Pour cette dernière valeur de ς, $u_i = \dfrac{0}{0}$, et cette valeur est réellement indéterminée : car la double condition dont il s'agit serait satisfaite, pour toutes les vitesses que l'on voudrait imprimer à la machine. La vitesse relative d'écoulement du liquide croîtrait proportionnellement à la vitesse $w r_i$, et lui demeurerait toujours égale. La supposition que $\mu = 1$ et $K = 0$ est d'ailleurs une pure hypothèse, qui s'éloigne en général beaucoup de la réalité.

en faisant dans les équations du mouvement ε égal à 90° et par suite $\cot \varepsilon = 0$. L'équation (A) devient alors

$$\cot \alpha + \frac{r_0}{r_1} \times \frac{A}{A_1} = 0,$$

d'où

$$\cot \alpha = -\frac{r_0}{r_1} \frac{A}{A_1}.$$

Telle est la relation qui doit exister dans ce genre de roue, entre l'angle α et les dimensions de la roue, pour que l'eau puisse entrer sans choc et sortir sans vitesse. On voit que l'angle α doit être obtus et il est évident que cela doit être ainsi , pour que l'eau arrivant dans une direction perpendiculaire à la vitesse wr_0 , conserve sa vitesse sans altération, à son entrée dans les tuyaux mobiles. Mais si une roue est construite de façon que l'angle α satisfasse à l'équation précédente, il est facile de voir que, lorsque la double condition de l'entrée sans choc et de la sortie sans vitesse sera satisfaite, le travail moteur transmis à cette roue sera nul. En effet, dans ce cas, l'équation (M), où il faudra faire l'angle $\varepsilon = 90°$, et $\cos \varepsilon = 0$, sera satisfaite, et l'on tire alors de cette équation :

$$H = \frac{v^2}{2g} \left(\frac{1}{\mu^2} - 1 \right) + K \frac{u_1^2}{2g},$$

C'est-à-dire que la chute totale H est égale à la somme des hauteurs perdues 1° par la *contraction* au passage de l'orifice injecteur, $\frac{v^2}{2g} \left(\frac{1}{\mu^2} - 1 \right)$, 2° par le frottement dans les tuyaux mobiles, $\frac{K u_1^2}{2g}$.

La roue tournant même à vide ne prendra donc pas une vitesse telle que l'eau entre sans choc et sorte sans vitesse, car indépendamment des résistances dues à la contraction et au frottement dans les tuyaux mobiles, il y a encore le travail résistant transmis à la roue par le frottement des disques de la roue contre l'eau du biez inférieur, et les frottements des parties solides de la machine. Si donc on veut qu'une roue semblable reçoive l'eau sans choc et l'abandonne sans vitesse, il faudra lui imprimr une vitesse angulaire plus grande que celle qu'elle prendrait naturellement, si elle tournait sans charge, en lui appliquant l'action de forces extérieures dont le travail sera égal au travail résistant transmis à la roue par les résistances passives autres que celles qui sont dues à la contraction et au frottement, et mesurées par des hauteurs de colonnes d'eau égales à $\frac{v^2}{2g}\left(\frac{1}{\mu^2}-1\right)$, et $\frac{K u_r^2}{2g}$. La machine tournant ainsi ne sera plus une machine motrice, mais tout simplement une machine aspirante, qui fera sortir du réservoir plus d'eau qu'il n'en sortirait pour des vitesses moindres de la roue.

Il ne faudra donc pas, dans la construction des roues sans tuyaux adducteurs, satisfaire à la condition cot $\alpha = -\frac{r_0}{r_1} \times \frac{A}{A_1}$. On devra donner à l'angle α une valeur plus petite que celle qui satisfait à cette équation. De cette façon, quand la roue tournera avec une vitesse angulaire telle que l'eau entre sans choc, la vitesse absolue de l'eau sortante ne sera point nulle, mais la hauteur due à cette vitesse pourra être une assez petite fraction de la chute totale. On s'attachera d'ailleurs, dans le tracé de la roue, à diminuer le coefficient numérique K, qu'on déterminera approximativement pour chaque tracé essayé.

Je reviens au cas général dans lequel la roue est garnie de tuyaux adducteurs. L'équation (A) du paragraphe 3 s'applique aussi bien aux roues qui recevraient l'eau à leur périphérie extérieure, pour la verser dans l'intérieur, ou à celles qui seraient disposées comme la roue d'Euler (mémoire de 1754) et formées de tuyaux mobiles compris entre deux surfaces de révolution ayant pour axe l'axe de rotation, qu'à celles qui reçoivent l'eau intérieurement, pour la verser à l'extérieur. Il suffit de regarder toujours r_0 comme le rayon vecteur aboutissant à la surface qui contient les orifices d'entrée, et r_1 comme le rayon vecteur aboutissant à la surface qui contient les orifices d'écoulement des canaux mobiles, r_0 pouvant être plus petit, plus grand que r_1, ou lui être égal, pourvu que r_0 et r_1 soient constants. (Ceci exclut seulement les roues de M. Burdin dont les canaux mobiles déversent leur eau à des distances alternativement variables de l'axe de rotation, et qu'il a appelées, à cause de cela, turbines à évacuation alternative.)

Dans le tracé de toutes ces roues, on devra satisfaire à la condition exprimée par l'équation (A), et s'attacher à diminuer, par un tracé convenable, la perte de forces vives due à la réduction de vitesse du liquide, à la sortie des tuyaux adducteurs, et la chute perdue par le frottement dans les tuyaux mobiles.

§ 5. J'ai soumis à l'expérience plusieurs modèles divers de roues hydrauliques, dont les unes étaient pourvues de tuyaux adducteurs, et dont les autres en étaient dépourvues. Il serait trop long d'indiquer à l'avance les tâtonnements par lesquels je suis passé, et les motifs qui m'ont engagé à essayer telle ou telle forme. Je passe donc tout de suite à la description des modèles et au compte rendu des expériences.

L'appareil qui a servi à toutes ces expériences consiste en un vase prismatique en cuivre à axe vertical dont la section est un carré de 20 centimètres de côté, et qui représente le réservoir à niveau constant qui doit alimenter la roue. Au bas du vase prismatique est assemblé un canal horizontal, dont la section transversale est un carré de 10 centimètres de côté. Ce canal se recourbe dans le sens vertical et se termine par un orifice cylindrique à bords évasés, par-dessus lesquels s'épanche l'eau motrice. Les Planches II et III qui représentent une roue exécutée à Vitry-le-Français, pour élever les eaux de la Marne nécessaires aux besoins de la ville, suffisent pour indiquer les dispositions analogues de l'appareil qui a servi aux expériences, sans qu'il soit nécessaire de représenter celle-ci par des dessins particuliers. Pour les roues qui n'avaient pas de tuyaux adducteurs, les rebords de l'orifice cylindrique qui amenaient l'eau étaient simplement évasés en dehors. Pour les roues pourvues de tuyaux adducteurs, les *cloisons directrices* formant les parois latérales de ces tuyaux, étaient des feuilles de tôle mince courbées suivant des surfaces cylindriques à base circulaire, qui étaient fixées par le bas dans l'épaisseur des collets de l'orifice, et dont les tranches supérieures venaient raser la surface inférieure du disque mobile de la roue. Fig. 1 et 2, Pl. I.

La roue était d'ailleurs établie dans un encaissement en tôle fermé en arrière et sur les deux côtés par des parois verticales, dont la distance au pourtour extérieur de la roue était de 10 centimètres. Cet encaissement était ouvert sur le devant. Des rainures ménagées sur les deux parois latérales, au sommet d'un plan incliné sur lequel coulait l'eau qui avait traversé la roue pouvaient recevoir de petites poutrelles, qui avaient pour effet de tenir la roue noyée et recouverte d'une hauteur d'eau quelconque pendant les expériences. Tout le système est établi sur une plaque en fonte. Le vase prismatique en cuivre, dont les bords n'étaient élevés au-dessus de la roue que de 3o centimètres environ, était prolongé par une caisse prismatique en bois, surmontée d'une caisse plus large, dont le fond était traversé par la première. La grande caisse avait un déversoir de superficie, afin que l'on pût y établir un niveau constant. Pour les expériences, j'avais une caisse de jauge de forme allongée, pouvant contenir jusqu'à 6 hectolitres d'eau, et que l'on vidait par le fond, en retirant deux tampons qui bouchaient des trous circulaires qui y avaient été pratiqués. L'appareil était établi à une extrémité de la caisse, et reposait sur ses bords. Un réservoir placé à un niveau supérieur, ou un cours d'eau fournissait l'eau motrice, qui arrivait dans la caisse en bois supérieure au vase prismatique.

L'eau qui avait passé dans la roue, et lui avait imprimé le mouvement, coulait sur le plan incliné, à la partie antérieure de l'encaissement. Au bas de ce plan, elle était reçue dans une gouttière mobile en bois, qui la versait en dehors de la caisse de jauge. Par le déplacement rapide de cette gouttière, l'eau tombait à l'instant déterminé où commençait l'expérience dans la caisse de jauge; au moment où l'expérience était finie, on ramenait au bas du plan incliné, la gouttière qui recevait de nouveau l'eau motrice pour la rejeter dans le canal de décharge.

Une poulie en bronze calée sur le bout supérieur de l'arbre de la roue recevait le frein destiné à mesurer le travail transmis à la roue. Ce frein était formé d'une pièce en fer terminée par un secteur circulaire dont le centre était le même que celui de la petite surface cylindrique frottante placée sur la poulie. Une autre pièce en acier formait la seconde mâchoire du frein. Les deux mâchoires pouvaient être rapprochées par deux boulons à écrous que l'on tournait avec une virole en cuivre cannelée; afin de rendre l'instrument plus facile à manier, on avait interposé entre chacun des écrous de serrage et la pièce du frein, sur laquelle il s'appuyait, un petit ressort simplement formé d'un morceau de tôle d'acier légèrement arqué, de sorte que la pression des écrous était transmise par l'intermédiaire de ces ressorts. Chacun des boulons était en outre entouré d'un ressort à boudin qui tendait à écarter les mâchoires, aussitôt que les écrous étaient desserrés. Cette addition de ressorts est la seule que j'ai eu à faire à l'instrument de Prony pour l'approprier à mes expériences. Le frein étant couché dans un plan horizontal, un cordon de soie fixé à l'une des extrémités du secteur circulaire, et plié sur le contour de ce secteur, allait passer sur une poulie de renvoi d'un décimètre de diamètre, et portait à sa seconde extrémité un petit plateau de balance dans lequel on plaçait les poids constituant la charge du frein dans l'expérience. La poulie de renvoi était montée sur un support en bois que l'on appliquait, avec une presse à vis, contre l'une des faces latérales de la cage de la roue. Ce même support s'élevait un peu plus haut que la longue branche du frein, et l'on y avait pratiqué une entaille de trois centimètres de large, destinée à prévenir les grands écarts du frein, qui, pour une pression des écrous différente de la pression convenable, venait battre contre l'une ou l'autre des parois de l'entaille.

La roue devant tourner très-rapidement, il fallait, pour compter le nombre de tours pendant les expériences, lui adapter un compteur, qui pût être engagé au commencement de l'expérience, et dégagé à la fin. Le compteur que j'ai employé était mené par une vis sans fin montée sur l'arbre de la roue, et consistait en deux roues dentées placées l'une à côté de l'autre, et ayant la première 100, la deuxième 101 dents. Une des roues était invariablement fixée à l'axe; l'autre en était, au contraire, indépendante. Ces deux roues étaient menées toutes deux par la vis sans fin. Un index fixé à l'axe de la roue de 100 dents était amené, avant l'expérience vis-à-vis le 0 de la division de la roue de 101 dents. Après chaque révolution de la première roue, c'est-à-dire après chaque centaine de tours de l'axe de la machine, l'index avançait d'une division sur la roue de 101 dents, et par conséquent on lisait les centaines de tours sur le limbe de cette dernière roue, et les tours simples sur la circonférence de la première. Le compteur pouvait ainsi accuser jusqu'à 10000 tours de la roue. Les dents du compteur étaient, hors le temps de l'expérience, tenues écartées des spires de la vis sans fin, par la pression d'un petit ressort. Pour les engager dans ces spires au moment où une expérience commençait, il suffisait de tirer un petit cordon qui rapprochait le compteur de la vis.

Voici comment chaque expérience a été faite. La gouttière mobile étant placée au bas du plan incliné, le compteur dégagé, le bassin de balance du frein chargé des poids convenables, on laissait arriver l'eau dans la caisse supérieure au vase prismatique. L'eau arrivait sous la roue qu'elle mettait en mouvement. On laissait marcher ainsi, jusqu'à ce que l'eau s'élevât dans la caisse, au-dessus du seuil du déversoir de superficie ; quand cela avait lieu et que la personne chargée de modérer l'eau affluente était parvenue à régler l'arrivée de l'eau, de façon que son niveau demeurât constant dans la caisse, le déversoir de superficie laissant écouler l'eau en excès que la roue ne pouvait débiter, cette personne avertissait en disant : *l'eau déborde*. Alors celle qui était au frein réglait la pression des écrous de façon à ce que le frein se tînt entre entre les deux bords de l'entaille, sans frapper ni l'une ni l'autre. Quand on y était arrivé, la marche de la roue était régulière ; on avertissait la personne qui tenait la montre à secondes, et qui donnait le signal du commencement et de la fin de chaque expérience. Celle-ci une fois prévenue que le niveau de l'eau et l'équilibre du frein étaient réglés, criait au commencement de l'expérience : *allez*. A ce signal, celui qui tenait le cordon du compteur, amenait ce compteur au contact de la vis sans fin, et un autre écartait rapidement la gouttière mobile, de sorte que l'eau commençait à couler dans la caisse de jauge. Après la durée de l'expérience qui était de 60 ou 30 secondes, la personne tenant la montre criait : *arrêtez*. A ce signal, on dégageait le compteur, et on ramenait rapidement la gouttière mobile, au bas du plan incliné, de sorte que la caisse de jauge ne contenait que l'eau qui avait passé sur la roue, pendant la durée de l'expérience. On relevait ensuite les données de l'expérience qui étaient inscrites sur le tableau. Ces données sont la durée de l'expérience en secondes, le nombre de tours de la roue, la charge du frein en grammes, la dépense d'eau en litres, la hauteur de la chute qui était à

3

peu près la même dans toutes les expériences, et qui était cependant notée avec soin chaque fois. On ramenait les index des deux roues du compteur au o, on vidait d'eau la caisse de jauge, et l'on recommençait un autre essai. Après les premiers jours, je suis parvenu à faire les expériences, assisté d'un seul aide qui était chargé de placer et de déplacer la gouttière mobile, en même temps que d'embrayer et de débrayer le compteur, sur le signal que je lui donnais. Je tenais moi-même le frein et j'observais le temps sur une montre à secondes placée devant moi. L'eau motrice était empruntée à un cours d'eau, et arrivait dans la caisse supérieure munie d'un déversoir par un canal rectangulaire. Chaque expérience était alors prolongée pendant deux ou trois minutes.

Des roues dépourvues de tuyaux adducteurs.

§ 6. Les figures 3 et 4, Pl. I, représentent deux modèles de roues sans tuyaux adducteurs.

Dans ces deux modèles le rayon intérieur OA de la roue est de $0^m,05$; le rayon extérieur OB, ou OB'$=0^m,07$. La hauteur EF des cloisons, à l'intérieur, est de $0^m,017$ pour le premier modèle. Leur hauteur, GH, à l'extérieur de la roue, est de $0^m,024$. (Cette description se rapporte à la partie à droite de la section verticale, fig. 3 de la Pl. I; la partie à gauche de la même section représente la roue modifiée, qui a servi à une autre série d'expériences.) Les cloisons sont formées d'une partie plane AD, qui arrive jusqu'au milieu de la largeur des couronnes. Cette partie plane forme avec le plan tangent au cylindre intérieur de la roue, un angle DAT (fig. 3) qui est de 3o degrés. L'autre partie de la cloison est une portion de surface cylindrique tangente à la fois à la partie plane AD, et au contour extérieur de la roue. La base de cette surface cylindrique est l'arc de cercle DB, dont le centre est au point I, et dont le rayon ID est de $0^m,024$. Les cloisons, au nombre de 25, étant ainsi tracées, et ayant un millimètre d'épaisseur, il en résulte que la normale B'a abaissée de l'extrémité d'une aube sur le dos de l'aube suivante a une longueur de $0^m,002855$. Ainsi l'orifice d'écoulement rectangulaire de l'un des canaux courbes a une surface de $0,002855 \times 0,024 = 0^{mm},00006852$, et la somme des aires des 25 orifices d'écoulement est de $0^{mm},001713$.

L'orifice par lequel l'eau débouche sur la roue, *l'orifice injecteur*, est une surface cylindrique de $0^m,017$ de hauteur, et dont la base est une circonférence de $0^m,10$ de diamètre. Il convient de retrancher de la longueur développée de la base, les épaisseurs des 25 cloisons qui s'élèvent ensemble à $0^m,025$. Il en résulte que l'aire de l'orifice injecteur est de $0^{mm},0049157$. Enfin la longueur développée d'une cloison est de $0^m,0445$. On a donc pour ce modèle de roue, en employant les notations adoptées précédemment :

$$r_o = 0^m,05$$
$$r_{,} = 0^m,07$$
$$A = A = 0^{m.carré},0049157$$
$$A_{,} = 0^{m.carré},001713$$
$$6 = 90°$$
$$\alpha = 90 + 30 = 120°.$$

Ce modèle de roue a donné les résultats suivants :

*Tableau des expériences faites le 31 mai 1840 sur le modèle de roues de 25 aubes,
représenté dans les fig. 3 et 4, Pl. I.*

(La partie à droite de la section verticale fig. 4 se rapporte à cette roue.)

A

NUMÉROS DES ESSAIS.	CHARGE du frein en grammes. (a)	NOMBRE de tours de la roue par minute.	HAUTEUR de chute jusques au milieu de la hauteur des orifices d'écoulement.	EAU recueillie dans la caisse de jauge en litres.	TRAVAIL dépensé dans une minute. en kilog.×m.	TRAVAIL mesuré au frein. en kilog.×m.	RAPPORT de l'effet utile au travail dépensé.	OBSERVATIONS.
1	381	0	m. 0,451	267	120,4	0	0	La roue ne tourne pas.
2	241	196	0,460	317	145,8	59,36	0,407	
3	241	218	0,471	317	149,3	66,00	0,442	
4	241	194	0,453	322	145,9	58,75	0,403	
5	191	300	0,463	337	156,0	72,00	0,461	
6	191	280	0,446	337	150,3	67,2	0,447	
7	191	299	0,456	347	158,2	71,75	0,454	
8	166	332	0,461	372	171,5	69,26	0,404	
9	166	330	0,457	362	165,40	68,84	0,416	
10	141	362	0,456	372	169,6	64,14	0,378	
11	0	550	0,441	443	195,4	0	0	La roue tourne librement.

(a) Le bras de levier du frein est exactement de 2 décimètres. On tient compte du poids du plateau dans lequel sont placés les poids.

Dans ces expériences, l'eau n'était pas entièrement débarrassée des petits corps flottants par une grille qui était placée en avant du réservoir, dans le canal qui y amenait l'eau dérivée de la rivière, de sorte que quelques brins de bois et de feuilles ont pénétré dans la roue. La chute a été mesurée avec beaucoup de soin, dans chaque expérience. Cette chute est la distance du niveau supérieur de l'eau, au milieu des orifices d'écoulement de la roue qui tournait dans l'air.

§ 7. Après avoir terminé ces essais, j'ai fixé dans l'ouverture centrale, suivant un même diamètre, deux diaphragmes plans en tôle mince ;

le contour de ces diaphragmes est représenté en Q par les lignes ponctuées, fig. 4. Ils étaient fixés dans le collet arrondi de l'ouverture centrale, dont M représente la section verticale. Sur la roue ainsi munie de diaphragmes ont été faites les expériences, dont suit le tableau.

Essais sur le modèle de roue précédent, de 25 aubes, fig. 3 et 4, Pl. 1, avec diaphragmes plans fixes, dans l'ouverture centrale.

B

NUMÉROS des ESSAIS.	CHARGE du frein en grammes.	NOMBRE de tours dans une minute.	CHUTE totale jusqu'au milieu des orifices d'écoulement.	EAU dépensée par minute en litres.	RAPPORT de l'effet au travail dépensé.	OBSERVATIONS.
1	391	0	m. 0,446	282	0	La roue est arrêtée.
2	241	219	0,471	337	0,418	
3	241	216	0,463	332	0,426	
4	191	299	0,463	362	0,428	
5	191	294	0,451	357	0,438	
6	166	347	0,471	372	0,413	
7	166	332	0,446	367	0,423	
8	141	385	0,469	383	0,380	
9	141	374	0,461	378	0,380	
10	116	404	0,441	378	0,353	
11	116	400	0,446	378	0,347	
13	91	408	0,431	367	0,295	
14	91	371	0,419	347	»	

La roue ayant été démontée à la fin de ces essais, a été trouvée engorgée par de petits débris de bois et de feuilles qui ont évidemment influé sur les résultats des deux dernières expériences.

On voit, en comparant ces deux tableaux, que l'influence des cloisons fixes paraît nuisible plutôt que favorable à l'effet utile, mais qu'elle augmente d'une manière assez sensible le volume d'eau débité par la roue, sous une même chute, et pour une même vitesse angulaire.

§ 8. Pour voir jusqu'à quel point les résultats observés s'accordent avec les hypothèses que nous avons faites sur le mouvement de l'eau dans la roue et les calculs déduits de ces hypothèses, il faut apprécier les valeurs numériques des coefficients μ et K. Il faut ensuite remarquer que l'équation

$$u_{,}^{2} (1 + K) = w^{2}r_{,}^{2} - v^{2} \left(\frac{1}{\mu^{2}} - 1 \right) + 2gH - 2vwr_{0} \cos \epsilon,$$

ne convient qu'au cas particulier où la roue tourne avec une vitesse telle, que l'eau entre dans les canaux mobiles sans choquer leurs parois latérales.

Or, si nous désignons par Q le volume d'eau dépensé dans l'unité de temps, en conservant d'ailleurs les autres notations adoptées précédemment, la condition qu'il n'y ait pas de choc à l'entrée des canaux mobiles sera exprimée, dans le cas le plus général, par l'équation

$$\frac{Q}{A} \cos \epsilon = wr_{0} + \frac{Q}{A_{0}} \cos \alpha. \quad (1)$$

En effet $\frac{Q}{A}$ exprime la vitesse de l'eau qui jaillit des tuyaux adducteurs ; $\frac{Q}{A} \cos \epsilon$ est la composante de cette vitesse dans le sens de la tangente à la circonférence de rayon r_{0}. D'un autre côté, $\frac{Q}{A_{0}}$ est la vitesse relative avec laquelle l'eau commence à couler dans les canaux mobiles, dans le sens de la tangente à l'origine de ces canaux, en supposant qu'il n'y ait point de choc. $\frac{Q}{A_{0}} \cos \alpha$ est la composante de cette vitesse relative dans le sens de la tangente à la circonférence de rayon r_{0}. D'ailleurs, l'origine du canal mobile étant entraînée dans le sens de cette tangente, avec la vitesse wr_{0}, $wr_{0} + \frac{Q}{A_{0}} \cos \alpha$ est la composante de la vitesse absolue de l'eau, après qu'elle est entrée dans le canal mobile, suivant cette tangente. L'équation (1) exprime donc que les composantes de la vitesse de l'eau, suivant la tangente à la circonférence de rayon r_{0}, immédiatement avant et immédiatement après son entrée dans les canaux mobiles, sont égales entre elles.

D'ailleurs, les composantes de ces vitesses dans le sens perpendiculaire à la tangente, sont nécessairement égales ; car on a entre les aires A et A_0, la relation

$$\frac{A}{\sin \theta} = \frac{A_0}{\sin \alpha}.$$

On a aussi entre les vitesses v et u_0, la relation

$$Av = A_0 u_0.$$

De l'existence simultanée de ces équations, on conclut que, dans tous les cas,

$$v \sin \theta = u_0 \sin \alpha.$$

$v \sin \theta$ et $u_0 \sin \alpha$ sont précisément les composantes des vitesses de l'eau, à sa sortie des tuyaux adducteurs, et immédiatement après qu'elle a rempli les tuyaux mobiles et qu'elle coule dans ces tuyaux suivant une direction parallèle à leur axe. Ces deux composantes étant toujours égales, il en résulte que la relation exprimée par l'équation (1) suffit pour qu'il n'y ait ni choc, ni remous, ni perte de forces vives à l'entrée des canaux mobiles.

Or, dans la roue que nous avons essayée, l'angle θ est de 90°, $\cos \theta = 0$, et l'équation de condition (1) se réduit à :

$$wr_0 + \frac{Q}{A_0} \cos \alpha = 0,$$

$$\cos \alpha = -\cos 30_0. \quad A_0 = A \sin 30° = 0,0049157 \times \sin 30°.$$

On a donc :

$$wr_0 = \frac{Q}{0,0049157 \times \tan\!g\, 30°} = \frac{Q\sqrt{3}}{0,0049157} = 299\,Q,$$

la dépense Q par seconde étant exprimée en mètres cubes.

Or, dans l'expérience 7, faite sur la roue sans diaphragmes fixes, celle qui a donné l'effet utile le plus avantageux, 45,4 pour cent, on a : $wr_0 = 31,31 \times 0,05 = 1,265 : 2990Q = 299 \times 0,00578 = 1,728$. Ainsi, les filets composant la nappe liquide qui jaillissait par le pourtour injecteur n'arrivaient point avec une vitesse relative dirigée suivant l'axe des canaux mobiles, et choquaient les parois latérales de ceux-ci. Pour des charges plus petites, et des vitesses angulaires plus grandes de la roue, la direction de la vitesse relative se rapprochait davantage de l'axe des canaux mobiles : malgré cela, le travail transmis à la roue diminuait, ce qui paraît devoir être attribué en partie à la hauteur perdue par le frottement de l'eau dans les canaux mobiles, hauteur qui croît avec le volume d'eau débité par la roue. La différence de hauteur des aubes sur les contours intérieur et extérieur de la roue me paraissait aussi une circonstance défavorable, en ce qu'il en résultait une forme compliquée des canaux mobiles, qui pouvait donner lieu à des remous de la masse fluide, dans leur intérieur, et influer sur la direction de la vitesse relative d'écoulement.

Il me paraissait donc dès lors qu'il y aurait avantage à augmenter l'angle obtus α, c'est-à dire, à coucher davantage les cloisons sur la tangente à la circonférence de rayon r_0, afin que la roue pût prendre de plus grandes vitesses angulaires, sans que la vitesse relative des filets liquides sortant par le pourtour injecteur fût oblique aux parois latérales des canaux mobiles ; qu'en même temps il conviendrait de diminuer le développement des canaux courbes, et de rendre leur forme plus régulière, en donnant aux cloisons des hauteurs égales sur le pourtour intérieur et sur le pourtour extérieur de la roue.

§ 9. Cependant, j'ai encore mis en expérience un second modèle qui différait du premier surtout par le nombre et le tracé des cloisons.

Celles-ci avaient pour bases des arcs de cercle ABC, A'B'C', fig. 5, Pl. I, tangents à la circonférence extérieure de $0^m,07$ de rayon, et venant couper, sous un angle de 30° avec la tangente, la circonférence intérieure. Elles étaient au nombre de 12, d'un millimètre d'épaisseur. La normale $c\,d$ menée de l'extrémité de l'une d'elles sur la convexité de la suivante avait $0^m,00396$ de longueur. Afin que les orifices A et Λ, eussent entre eux le même rapport de grandeur que dans le premier modèle, je donnai aux cloisons, à la circonférence intérieure, une hauteur, dans le sens vertical EF, fig. 6, de 0^m, 011, tandis qu'à la circonférence extérieure la hauteur GH était de 0^m, 026. La longueur développée de l'arc ABC est de 0, 07059. Il résulte de ce qui précède qu'on a, dans cette nouvelle roue, en négligeant l'épaisseur des 12 cloisons :

$$A = 0{,}31416 \times 0{,}011 = 0^{mm}{,}00345576,$$
$$A_i = 12 \times 0{,}026 \times 0{,}00396 = 0{,}00123552.$$

Le tableau suivant contient les résultats des expériences faites sur ce modèle :

C

NUMÉROS des essais.	CHARGE du frein en grammes.	NOMBRE de tours de la roue par minute.	HAUTEUR de la chute.	EAU dépensée par minute en litres.	RAPPORT de l'effet utile au travail dépensé.	OBSERVATIONS.
1	91	314	0,428	237	0,323	La roue n'est point immergée.
2	91	321	0,438	237	0,323	*Idem.*
3	91	332	0,435	237	0,335	*Idem.*
4	91	247	0,3125	217	0,377	Roue noyée sous 0^m,08 d'eau.
5	91	239	0,3325	2:	0,350	*Idem.*
6	91	336	0,4225	250	0,333	Roue baignée jusqu'à fleur du disque supérieur.
7	141	236	0,4325	237	0,376	*Idem.*
8	141	217	0,4245	230	0,362	*Idem.*
9	141	217	0,4375	225	0,359	*Idem.*
10	116	279	0,4285	237	0,369	*Idem.*
11	116	285	0,4325	252	0,353	*Idem.*
12	66	366	0,4125	277	0,248	*Idem.*
13	66	383	0,4245	277	»	*Idem.*
14	41	442	0,4225	275	0,183	*Idem.*
15	175	126	0,4355	212	0,274	*Idem.*
16	»	0	0,4425	197	0	*Idem.*
17	»	482	0,4425	307	0	*Idem.*

Les résultats sont encore moins avantageux que ceux qui ont été obtenus avec le premier modèle; j'ai attribué cela à une influence plus grande du frottement dans les canaux mobiles, dont le développement est plus considérable, à la forme plus irrégulière encore des canaux, et au petit nombre des cloisons courbes qui n'obligeaient peut-être pas la masse liquide à prendre, à la sortie de ces canaux, une vitesse relative dirigée en sens inverse de celle avec laquelle les orifices sont emportés dans le mouvement de rotation de la roue.

§ 10. Je voulais tâcher d'arriver à des formes de roues plus avantageuses que les précédentes, sans cependant faire la dépense de construction d'un nouveau modèle. Il m'était facile de faire varier le rapport de hauteur des cloisons à l'intérieur et à l'extérieur de la roue, ce qui changeait le rapport de grandeur des orifices A et A_i. J'ai attribué au coefficient numérique μ une valeur égale à 0,90 qui m'a paru convenir à la forme évasée du pourtour injecteur. J'ai ensuite cherché à déterminer approximativement la valeur numérique du coefficient K, de la manière suivante :

La hauteur perdue par le frottement de l'eau qui coule dans un canal prismatique de section uniforme avec une vitesse un peu considérable, est exprimée par

$$2\varepsilon \frac{CL}{A} \frac{V^2}{2g},$$

V étant la vitesse de l'eau dans la conduite,

C et A, le périmètre et l'aire de la section droite du tuyau,

L la longueur développée de la conduite,

g la gravité,

ε un coefficient numérique égal à 0,0036, d'après les expériences des hydrauliciens.

Lorsque la section du canal n'est point uniforme, la hauteur perdue par le frottement est exprimée par

$$\frac{2\varepsilon a_i^2 v_i^2}{2g} \int_0^L \frac{c}{a^3}\, ds, \qquad (1)$$

dans laquelle a et c sont l'aire et le périmètre de la section transversale située à la distance s de l'origine de la conduite, mesurée suivant l'axe de celle-ci, a_i est l'aire de l'orifice d'écoulement, v_i la vitesse avec laquelle le liquide s'écoule par cet orifice, L la longueur totale développée de la conduite, et ε le même coefficient numérique 0,0036.

Or, pour un des canaux limités par les cloisons courbes de la roue de 25 aubes que nous avons essayée, la longueur développée d'une cloison que nous prenons pour celle du canal est de $0^m,0445$: les orifices d'entrée et de sortie de ce canal sont deux rectangles qui ont pour hauteurs respectives les hauteurs des cloisons au pourtour intérieur et extérieur de la roue; la base de l'orifice d'entrée peut être considérée comme égale à l'arc compris entre deux cloisons voisines, c'est-à-dire à la 25me partie de la circonférence de 5 centimètres de rayon, diminuée d'un millimètre, et multipliée par le sinus de $30°$. La base de l'orifice de sortie est égale à la normale abaissée de l'extrémité d'une aube sur la convexité de l'aube suivante : il résulte de là que l'orifice d'entrée peut être considéré comme un rectangle de $0^m,0057832$ de base sur $0^m,017$ de hauteur, et qne l'orifice d'écoulement est un rectangle de $0,002855$ de base sur $0,024$ de hauteur.

Appelons c_0 et a_0 le périmètre et l'aire de l'orifice d'entrée;

$\quad\quad\quad$ c_i et a_i le périmètre et l'aire de l'orifice de sortie ;

$\quad\quad\quad$ c et a le périmètre et l'aire d'une section transversale quelconque.

Le coefficient que nous avons désigné par K doit être tel que $\dfrac{Ku_i^2}{2g}$ exprime la hauteur perdue par le frottement du liquide dans le canal mobile : la valeur de ce coefficient est donc :

$$K = 26 a_i^2 \int \frac{c}{a^3}\, ds,$$

l'intégrale étant étendue à la longueur totale du tuyau.

La forme irrégulière du canal ne permet pas d'apprécier exactement l'intégrale $\int \frac{c}{a^3}\, ds$: mais il est évident que la hauteur perdue par le frottement est intermédiaire entre celle qui correspondrait au cas où le canal, débitant le même volume de fluide qu'il débite effectivement, aurait partout une section rectangulaire, égale à celle de l'orifice d'entrée, et le cas

où il aurait une section rectangulaire constante égale à l'orifice de sortie.
Or, dans le premier cas, on aurait :

$$K = 26\, a_i^2 \times \frac{c_o}{a_o^3} \times L = 26\, \frac{c_o}{a_o} \times \frac{a_i^2}{a_o^2} \times L;$$

dans le second cas :

$$K = 26\, \frac{c_i}{a_i}\, L.$$

Ces deux valeurs limites du nombre K sont, quand on remplace les
lettres par leurs valeurs numériques, 0,07209 et 0,2512 : elles sont fort
écartées l'une de l'autre, mais comme il ne s'agit ici que d'aperçus qui
peuvent être corrigés ultérieurement, j'adopte la moyenne arithmé-
tique entre ces deux nombres et prends $K = 0,1616$.

J'essaye ces valeurs $\mu = 0,90$, et $K = 0,1616$, en les appliquant à celle des
expériences du tableau A dans laquelle la condition $wr_o = 299Q$, qui exprime que les filets liquides arrivent aux canaux mobiles avec des vitesses
relatives contenues dans les plans tangents aux cloisons, approche le plus
d'être satisfaite : cette expérience est celle qui est inscrite sous le n° 9
dans laquelle on a : $wr_o = 1,788$, et $Q = 0^{\text{m. cub}},00603$, d'où $299Q = 1,803$;
la différence entre ces valeurs est assez petite pour que l'on puisse négliger l'influence du choc et appliquer au calcul de la vitesse relative d'é-
coulement u_i l'équation

$$u_i^2\,(1+K) = w^2 r_i^2 - v^2 \left(\frac{1}{\mu^2} - 1\right) + 2gH - 2vwr_o \cos 6 ; \qquad (m)$$

ici, on a :

$$\cos 6 = 0 : \frac{1}{\mu^2} - 1 = \frac{1}{0,81} - 1 = 0,2346 ; \quad K = 0,1616 ; \quad H = 0^m,457 ;$$

d'ailleurs $v : u_i :: A_i : A$, d'où $v = \frac{A_i u_i}{A}$.

Ces valeurs étant substituées dans l'équation (m), celle-ci donne pour u_i
la valeur suivante :

$$u_{\iota} = \sqrt{\frac{2g\mathrm{H} + w^2 r_{\iota}^2}{1 + \mathrm{K} + \frac{\mathrm{A}_{\iota}^2}{\mathrm{A}^2}\left(\frac{1}{\mu^2} - 1\right)}} = \sqrt{\frac{19{,}62 \times 0{,}457 + \overline{2{,}4339}^2}{1{,}1616 + 0{,}2346 \times \frac{\overline{0{,}001713}^2}{\overline{0{,}0049157}^2}}}$$

Tout calcul fait on a $u_{\iota} = 3^{\mathrm{m}},53$: cette vitesse multipliée par la somme des orifices d'écoulement 0,001713 donne pour la dépense calculée :

$$3{,}53 \times 0{,}001713 = 0^{\mathrm{m.cub.}},006047.$$

L'observation a donné : $0^{\mathrm{m.cub.}},00603$.

Cet accord du calcul avec l'expérience est sans doute fortuit, et nous sommes loin de le donner comme une preuve de l'exactitude des coefficients que nous avons grossièrement déterminés : il montre du moins que les bases de notre théorie sont suffisamment exactes pour indiquer le sens dans lequel on doit modifier la machine, afin d'obtenir un effet utile plus avantageux.

Je remarque encore que l'équation

$$u_{\iota} = \sqrt{\frac{2g\mathrm{H} + w^2 r_{\iota}^2}{1 + \mathrm{K} + \frac{\mathrm{A}_{\iota}^2}{\mathrm{A}^2}\left(\frac{1}{\mu^2} - 1\right)}} \, ,$$

établie dans l'hypothèse qu'il n'y a pas de perte de vitesse ou de forces vives, par le choc de l'eau, à son entrée dans les canaux mobiles, donne cependant avec une assez grande approximation la dépense d'eau obtenue dans la plupart des expériences du tableau (A), quoique la condition $\frac{\mathrm{Q}}{\mathrm{A}_0}\cos 120° + wr_0 = 0$ soit loin d'être satisfaite.

Ainsi, dans l'expérience 8, le calcul donne pour la vitesse relative $u_{\iota} = 3^{\mathrm{m}},39$ et pour la dépense $\mathrm{Q} = \mathrm{A}_{\iota}u_{\iota} = 0,001713 \times 3,39$ $\mathrm{Q} = 0^{\mathrm{m.cub.}},005807$.

L'observation a donné $\mathrm{Q} = 0^{\mathrm{m.cub.}},00578$.

Dans l'expérience 2, le calcul donne $u_{\iota} = 3^{\mathrm{m}},052$ et $\mathrm{Q} = 0^{\mathrm{m.cub.}},00523$; l'observation a donné : $\mathrm{Q} = 0^{\mathrm{m.cub.}},00528$.

Dans l'expérience 1 où la roue est arrêtée, et où $wr_{\iota} = 0$, le calcul donne $u_{,}=2^{m},726$ et $Q=0^{m.\,cub.},00467$. L'observation a donné $Q=0^{m.\,cub.},00445$.

Dans l'expérience 11 où la roue tourne à vide, le calcul donne $u_{,}=4^{m},574$ et $Q=0^{m.\,cub.},007835$.

L'observation a donné $Q=0^{m.\,cub.},00738$.

Les différences entre les dépenses calculées et les dépenses observées deviennent assez considérables pour des vitesses angulaires de la roue nulle ou très-grande; mais pour toutes les vitesses intermédiaires, dans lesquelles la vitesse relative du fluide, à la sortie du pourtour injecteur, n'est pas extrêmement oblique aux plans tangents aux cloisons de la roue, l'influence du choc sur la dépense paraît assez peu sensible, pour qu'il soit permis de la négliger. Or ce sont précisément les vitesses utiles de la roue, et par conséquent les seules qu'il soit utile de considérer dans la pratique.

D'après les observations qui précèdent, nous admettrons que l'équation

$$u_{,} = \sqrt{\dfrac{2gH + w^{2}r_{,}^{2}}{1 + K + \dfrac{A_{,}^{2}}{A^{2}}\left(\dfrac{1}{\mu^{2}} - 1\right)}}$$

s'applique assez exactement à toutes les vitesses angulaires d'une roue de forme analogue à celle du modèle mis en expérience, pour lesquelles le travail transmis à la roue est une fraction assez grande de l'effet utile. Mais, d'après cette équation, si on diminue la somme $A_{,}$ des aires des orifices d'écoulement, en conservant d'ailleurs toutes les autres dimensions de la roue, et admettant que les coefficients μ et K demeurent invariables, la vitesse relative $u_{,}$ correspondante à une vitesse angulaire donnée w, croîtra à mesure que $A_{,}$ diminuera, tandis que le volume d'eau dépensé par la roue qui est égal à

$$A_{,}u_{,} = \sqrt{\dfrac{2gH + w^{2}r_{,}^{2}}{\dfrac{1+K}{A_{,}^{2}} + \dfrac{\left(\dfrac{1}{\mu^{2}} - 1\right)}{A^{2}}}},$$

diminuera au contraire en même temps que $A_{,}$.

Or, d'après le principe général des forces vives, le travail transmis à la roue dans l'unité de temps, lorsqu'il n'y a pas de choc à l'entrée des canaux mobiles, ou en négligeant la perte de forces vives qui est le résultat de ce choc, est égal au poids d'eau dépensé par la roue, multiplié par la hauteur totale de la chute H, diminuée $1°$ de la hauteur due à la vitesse absolue que conserve l'eau, en abandonnant la machine, vitesse qui est égale à $u_{,}-wr_{,}$ et correspond à une hauteur $\dfrac{(u_{,}-wr_{,})^2}{2g}$; $2°$ de la hauteur absorbée par les résistances au passage des orifices injecteurs, laquelle est $\dfrac{v^2}{2g}\left(\dfrac{1}{\mu^2}-1\right)$; $3°$ de la hauteur perdue par le frottement dans les canaux mobiles de la roue, qui est exprimée par $\dfrac{Ku_{,}^2}{2g}$. Ainsi en appelant T le travail transmis à la roue dans l'unité de temps, et P le poids de l'eau dépensé par seconde, dont le volume est $A_{,}u_{,}$, on a :

$$T = P\left(H - \frac{(u_{,}-wr_{,})^2}{2g} - \frac{v^2}{2g}\left(\frac{1}{\mu^2}-1\right) - \frac{Ku_{,}^2}{2g}\right) ; \qquad (a)$$

mais de l'équation

$$u_{,}^2\,(1+K) = 2gH + w^2r_{,}^2 - v^2\left(\frac{1}{\mu^2}-1\right),$$

on tire :

$$\frac{Ku_{,}^2}{2g} + \frac{v^2}{2g}\left(\frac{1}{\mu^2}-1\right) = H + \frac{w^2r_{,}^2}{2g} - \frac{u_{,}^2}{2g} ;$$

substituant dans la valeur de T, il vient :

$$T = P\left(\frac{u_{,}^2}{2g} + \frac{w^2r_{,}^2}{2g} - \frac{(u_{,}-wr_{,})^2}{2g}\right) = \frac{P}{g}\,(u_{,}-wr_{,})wr_{,},$$

nouvelle expression plus simple, du travail transmis à la roue, et que l'on aurait pu déduire directement de ce principe de mécanique, que la somme des moments, par rapport à l'axe de la roue, des quantités de mouvement acquises par le fluide dans l'unité de temps, projetés sur un plan perpendiculaire à l'axe, doit être égale au moment par rapport au même axe de l'impression totale exercée par les particules liquides sur les canaux de cette roue. En effet les filets liquides arrivent dans la roue, avec des vitesses absolues dirigées suivant les rayons qui divergeraient à partir de l'axe. Le moment de ces vitesses initiales par rapport à l'axe de la roue est donc nul. En sortant de la roue, les particules liquides ont pris une vitesse absolue $u_i - wr_i$ dirigée en sens inverse du mouvement de rotation. $\frac{P}{g}(u_i - wr_i)$ est donc la quantité de mouvement imprimée dans l'unité de temps aux particules liquides par les pressions des canaux de la roue sur ces particules ; $\frac{P}{g}(u_i - wr_i) \times r_i$ est le moment de cette quantité de mouvement par rapport à l'axe. Si nous désignons par $F \times R$ la somme des moments par rapport à l'axe des pressions incessamment exercées sur les canaux de la roue dans le sens du mouvement de rotation opposé à celui de la vitesse $u_i - wr_i$, par les particules liquides qui circulent dans ces canaux, on doit avoir :

$$F \times R = \frac{P}{g}(u_i - wr_i)\, r_i$$

Multipliant les deux membres de cette équation par la vitesse angulaire w, $F \times R \times w$ sera évidemment le travail moteur transmis à la roue, et ce travail moteur sera égal à $\frac{P}{g}(u_i - wr_i) \times wr_i$, expression qui est identique avec celle que nous avons déduite du principe des forces vives. Nous ajoutons que cette expression du travail moteur transmis à la roue subsisterait même dans le cas où il y aurait une perte de forces vives à l'entrée de l'eau dans les canaux mobiles de la roue, tandis que l'expression (a) du travail T n'est exacte qu'autant que cette perte de forces vives n'existe pas. (Voyez la note A.)

Le rapport du travail transmis à la roue au travail moteur dépensé est donc :

$$\frac{\frac{P}{g}(u_i - wr_i) \times wr_i}{PH} = \frac{(u_i - wr_i) \times wr_i}{gH},$$

H étant à la hauteur de la chute.

Or pour les mêmes valeurs de H, de r, et de la vitesse angulaire w, ce rapport augmente avec la vitesse relative d'écoulement u,. Donc les formes de roues qui, pour les mêmes valeurs de H et de wr,, donneront les plus grandes valeurs de u, seront les plus avantageuses. Cela conduit à essayer de diminuer la grandeur des orifices d'écoulement de la roue, ou plutôt le rapport de grandeur entre les orifices d'écoulement et le pourtour injecteur, en conservant les autres dimensions de la roue. Il y a d'ailleurs une autre raison pour agir ainsi, c'est qu'il est évident que cette modification entraîne une diminution de coefficient K, parce qu'elle a pour résultat de diminuer la vitesse avec laquelle l'eau traverse les sections transversales des canaux mobiles. Ainsi la partie de la chute absorbée par le frottement dans les canaux mobiles diminue en même temps que celle qui est absorbée par les résistances au passage de l'orifice injecteur. J'ai donc tenté cette modification , et pour cela il m'a suffi de diminuer la hauteur des orifices d'écoulement de mon premier modèle, en changeant les morceaux de plomb découpés que j'avais logés entre les cloisons. J'ai choisi d'ailleurs la forme la plus simple, celle qui conservait aux aubes une hauteur uniforme, dans le sens vertical, sur toute leur étendue.

§ 11. J'ai donc fait appliquer entre les cloisons, sur la couronne inférieure de l'aubage, des morceaux de plomb découpés d'épaisseur uniforme, qui laissaient aux canaux de la roue, tant extérieurement qu'intérieurement, une hauteur de $0^m,019$. Le collet fixe en plomb , autour duquel tourne la roue, a été également retouché, de manière que, la roue étant placée sur son pivot, le bord évasé de ce collet correspondît exactement à la circonférence du bas des aubes ou à la face supérieure des morceaux de plomb.

La roue ainsi modifiée a été mise en expérience, et pour éviter qu'elle fût encombrée par les ordures entraînées par l'eau motrice, j'ai fait passer celle-ci à travers une gaze métallique très-serrée, en fil de fer. Le tableau suivant contient les résultats de ces expériences. Cette roue est représentée par la fig. 3 et la partie à gauche de la fig. 4, pl. I.

D

Tableau des essais faits sur la roue de 25 aubes, dont les aubes ont, intérieurement et extérieurement, une hauteur de 19 millimètres.

NUMÉROS des essais.	CHARGE du frein en grammes.	NOMBRE de tours par minute.	CHUTE.	EAU dépensée par minute en litres.	EFFET utile par minute. Kilo XM.	TRAVAIL dépensé. Kilo XM.	RAPPORT de l'effet utile au travail total.	OBSERVATIONS.
1	241	202	0,48	270	61,174	129,6	0,472	
2	241	196	0,48	270	59,36	129,6	0,458	
3	191	278	0,478	280	66,723	133,84	0,4985	
4	191	274	0,475	275	65,765	128,79	0,503	
5	216	220	0,477	270	58,89	128,79	0,457	
6	216	220	0,476	270	58,89	128,52	0,458	
7	166	304	0,473	285	63,269	134,805	0,469	
8	166	319	0,48	285	66,54	136,80	0,486	
9	166	335	0,48	285	69,881	136,80	0,511	
10	166	312	0,48	290	65,083	139,20	0,467	
11	166	330	0,4755	290	68,84	138,475	0,497	
12	141	381	0,4755	295	67,507	140,272	0,481	
13	141	365	0,474	290	64,673	137,46	0,470	
14	141	349	0,472	290	61,839	136,88	0,452	
15	141	355	0,4695	295	62,901	138,502	0,454	
16	116	390	0,467	290	56,85	135,43	0,420	
17	116	384	0,464	290	55,976	134,56	0,416	
18	206	164	0,464	260	54,82	120,64	0,454	
19	141	261	0,377	260	46,246	98,02	0,472	Roue noyée de 0m.10 au-dessus du bas des aubes.
20	141	255	0,375	255	45,182	95,625	0,472	*Idem.*
21	»	0	0,377	235	0	0	0	*Idem.*
22	»	0	0,466	245	0	0	0	
23	0	461	0,352	295	0	0	0	Roue noyée.
24	0	540	0,455	340	0	0	0	

Dans toutes les expériences, sauf celles où le contraire est indiqué dans la colonne des observations, la roue tourne dans l'air, et la chute est comptée depuis la surface de l'eau, dans le réservoir d'alimentation, jusqu'au milieu de la hauteur des orifices d'écoulement.

Lorsque la roue est immergée, la hauteur de chute est prise égale à la distance verticale des deux niveaux, dans le réservoir et dans le bassin de la roue.

Il résulte des dimensions indiquées précédemment, que l'orifice d'écoulement de chacun des canaux mobiles est un rectangle de $0^m,019$ de hauteur, sur $0^m,002855$ de base, dont l'aire est en conséquence de $0^{mm},00005424_5$; ce qui donne, pour la somme des 25 orifices d'écoulement, $A_1 = 0^{mm},001356_1$.

D'ailleurs,

$$A = (0,31416 - 0,025) \times 0,019 = 0^{mm},00549404.$$

Le rapport $\dfrac{c_1}{a_1}$ du périmètre à l'aire de l'un des orifices d'écoulement, est :

$$\frac{0,038 + 0,00571}{0,000054245} = 806.$$

Le rapport $\dfrac{c_0}{a_0}$ du périmètre à l'aire de la section, à l'origine de chaque canal, est :

$$\frac{0,038 + 0,0115664}{0,019 \times 0,0057832} = 451,$$

d'où l'on conclut :

$$\frac{c_0}{a_0} \times \frac{a_1^2}{a_0^2} = 110.$$

Le nombre K, évalué comme nous l'avons fait dans les exemples précédents, est donc ici :

$$K = 0,0036 \times 916 \times 0,0445 = 0,1467;$$

l'équation qui donne la vitesse u_1, en négligeant l'influence du choc à l'entrée de l'eau, est :

$$u_{,} = \sqrt{\frac{2g\mathrm{H} + w'r_{,}^{2}}{1,16099}}, \qquad (1)$$

et la dépense est :

$$Q = \mathrm{A}_{,}u_{,} = 0,0013561 \times \sqrt{\frac{2g\mathrm{H} + w'r_{,}^{2}}{1,16099}}. \qquad (2)$$

En calculant par cette équation le volume d'eau dépensé dans l'expérience 3 du tableau D , on trouve $u_{,} = 3^{m},413$ et $Q = 0^{m.\,cube},004628$. L'observation donne : $Q = 0^{m.\,cube},004667$, valeur très-peu différente de la première. Dans l'expérience 3, la relation :

$$\frac{Q}{A}\cos 120 + wr_{o} = 0,$$

est à très-peu près satisfaite, lorsque l'on y remplace Q et w par les valeurs données par l'observation, et A par la valeur $0^{m.\,carré}005494o4$. Les filets liquides jaillissaient donc avec une vitesse relative à peu près tangente aux cloisons courbes, et sans choquer ces cloisons. Mais si on veut appliquer les équations (1) et (2) à d'autres expériences que l'expérience 3, elles donnent pour la dépense des valeurs qui s'écartent beaucoup plus de celles qui résultent de l'observation.

Ainsi pour la moyenne des expériences 1 et 2 , le calcul donnerait : $Q = 4^{litres},276$, tandis que l'observation donne $4^{litres},5o$ par seconde.

Dans l'expérience 12, le calcul donnerait : $Q = 5^{litres}2o8$, tandis que l'observation donne $4^{litres}92$ par seconde.

L'écart est en sens inverse dans les expériences 1 et 2 et dans l'expérience 12, et la différence entre le résultat calculé et la dépense observée s'élève dans les deux cas à $\dfrac{1}{20}$ à peu près de la dépense observée, ce qui ne constitue pas encore une erreur plus considérable que celles auxquelles on s'expose en faisant usage de la plupart des formules d'hydraulique, dans les applications pratiques. En appliquant la formule à l'expérience 22 où la roue est arrêtée, on a :

$$u_{,} = \sqrt{\frac{19,62 \times 0,466}{1,16099}} = 2^{m},806.$$

A cette vitesse doit correspondre une dépense de $3^{\text{litres}},8$ par seconde. L'observation a donné une dépense de $4^{\text{litres}},08$, plus forte que la dépense calculée. Si on prend l'unité pour dénominateur de la quantité sous le radical, et si l'on admet que la vitesse $u_{\prime}$ est celle qui est due à la chute $0,466$, sans aucune réduction on a :

$$u_{\prime} = \sqrt{19,62 \times 0,466} = 3^{\text{m}},02.$$

La dépense correspondante serait de $4^{\text{litres}},09$. Ce résultat est à peine supérieur à celui qui est donné par l'observation. Cela ne tient évidemment pas à ce que les résistances passives sont nulles, et à ce que la vitesse $u_{\prime}$ est réellement égale à celle qui est due à toute la chute. Cela met simplement en évidence qu'il y a une fuite d'eau notable par l'espace annulaire qui existe entre le pourtour interne de la roue, et le collet du réservoir.

On trouvera dans la note B une formule dans laquelle j'ai cherché à tenir compte de la perte de force vive par le choc à l'entrée des canaux mobiles, et dont les résultats concordent très-bien avec les expériences du tableau D, en mettant de côté les vitesses angulaires extrêmes, très-grandes ou très-petites. Cet accord ne peut cependant être attribué à ce que le coefficients μ et K sont exactement déterminés. Il est certainement dû à une compensation de diverses erreurs en sens contraire, au nombre desquelles figure la perte d'eau par l'espace annulaire, que l'on a négligée. Nos formules de calcul de dépense, malgré leur imperfection, peuvent néanmoins s'appliquer aux roues de forme semblable à celles que nous avons mises en expérience, et suffisent en cela aux besoins du mécanicien constructeur. On voit d'ailleurs que nos prévisions n'ont pas été trompées et que le dernier modèle de roue a un avantage marqué sur le premier, eu égard au rapport de l'effet utile au travail total dépensé, rapport dont le maximum s'élève ici jusqu'à 50 pour 100, tandis qu'il n'avait pas dépassé 46 pour 100, dans le premier modèle de roue de 25 aubes.

§ 12. J'ai essayé de diminuer encore les orifices d'écoulement, bien qu'il me parût que le résultat ne serait pas avantageux, parce qu'il arriverait, pour des vitesses angulaires un peu grandes de la roue, que la vitesse relative du fluide sortant du pourtour injecteur serait très oblique aux cloisons de la roue, et viendrait les choquer sur leur convexité en sens inverse du mouvement de rotation de la roue.

J'ai donc fait adapter entre les aubes, pardessus- les morceaux de plomb à surface plane déjà fixés, d'autres morceaux de plomb qui allaient à peu près depuis le milieu de la largeur des couronnes, où ils avaient une épaisseur presque insensible, jusqu'à la circonférence extérieure, où leur épaisseur dans le sens vertical était de 7 millimètres. De cette façon, la hauteur des aubes, à l'intérieur, était toujours de 19 millimètres, la hauteur, à l'extérieur, était réduite à 12 millimètres.

La roue ainsi modifiée ayant été mise en expérience, on a eu les résultats suivants :

E

Tableau des expériences faites le 12 juillet 1840 , sur la roue à orifices rétrécis.

NUMÉROS des ESSAIS.	CHARGE du frein en grammes.	NOMBRE de tours de la roue par minute.	HAUTEUR de chute.	EAU dépensée par minute en litres.	RAPPORT de l'effet utile au travail dépensé.	OBSERVATIONS.
1	141	229	0,4765	205	Les deux essais donnent en moyenne 0,417	La roue tourne dans l'air.
2	141	231	0,4765	205		
3	166	169	0,4765	200	La moyenne des deux essais donne le rapport 0,3578	Idem.
4	166	174	0,4765	200 faible.		
5	116	282	0,4765	215	»	Idem.
6	116	269	0,4765	205	»	Idem.
7	116	274	0,4765	207 1/2	0,404	Idem.
8	91	329	0,4765	215	»	Idem.
9	91	318	0,4765	210	»	Idem.
10	91	324	0,4765	215	0,3617	Idem.
11	66	375	0,4765	220 faible.	»	Idem.
12	66	385	0,4735	220 faible.	»	
13	41	419	0,4765	230	»	
14	Roue arrêtée	0	0,4765	180	»	
15	91	225	0,3645	180	0,3922	Roue noyée.
16	91	221	0,3645	180	»	Idem.
17	66	270	0,3645	180 fort.	0,3413	Idem.
18	0	402	0,3625	210	0	Idem.
19	0	461	0,4675	260	0	Roue tournant dans l'air.

Ainsi que nous l'avions prévu , l'effet utile transmis à la roue est considérablement diminué, puisqu'il ne dépasse pas les 0,417 du travail dépensé, même pour les vitesses angulaires les plus favorables. Mais ces expériences présentent une autre circonstance qui a beaucoup contribué à réduire l'effet utile transmis à la roue : c'est qu'une quantité considérable d'eau s'est évidemment perdue par la fente annulaire existante entre le pourtour intérieur de la roue et le collet du réservoir. Il suffit, pour s'en convaincre, d'observer que, quand la roue est tout à fait arrêtée (Expérience 14), la vitesse de l'eau qui sort par les orifices des canaux de la roue ne peut être plus grande que celle qui est due à la hauteur totale de la chute. Cette vitesse pouvait donc au plus être égale à $\sqrt{2g \times 0,4765} = 3^{\mathrm{m}},0573$. Or, chacun des orifices d'écoulement est un rectangle de 12 millimètres de hauteur sur $2^{\mathrm{millim.}},855$ de base. Les 25 orifices ont donc ensemble une surface de $856^{\mathrm{millim.\ carrés}},5$, et la dépense par seconde par ces orifices pouvait être tout au plus de $2^{\mathrm{litres}},619$, tandis qu'on a recueilli dans la caisse de jauge 180 litres par minute, ou 3 litres par seconde. Cette perte considérable, qui s'est déjà manifestée dans les expériences du tableau D, s'explique par la pression du liquide au passage du pourtour injecteur dans les canaux de la roue. Lorsque la roue tourne, la vitesse relative d'écoulement u_1 ne saurait dépasser $\sqrt{2g\mathrm{H} + w^2 r_1^2}$; or, on peut s'assurer que, dans aucune des expériences du tableau qui précède, les orifices d'écoulement des canaux mobiles n'ont pu débiter le volume recueilli dans la caisse de jauge.

§ 13. Le frottement de l'eau dans les tuyaux mobiles, me paraissant être une des causes de perte les plus considérables, dans les roues à réaction, j'ai voulu essayer si cette perte ne serait pas diminuée, en coupant une partie des cloisons formant les parois latérales des canaux mobiles ; je suis donc revenu à la roue dont les orifices avaient intérieurement et extérieurement $0^{\mathrm{m}},019$ de hauteur, celle qui m'avait donné le résultat le plus avantageux. Sur les 25 cloisons de cette roue, j'en ai conservé 5 entières également réparties sur le contour de la roue, et j'ai fait supprimer dans les 20 cloisons restantes, toute la partie comprise entre la circonférence intérieure et les deux tiers environ de la largeur des couronnes, ne laissant subsister que les extrémités de ces cloisons voisines du pourtour extérieur. De cette façon je conservais les mêmes orifices d'écoulement ; mais à leur entrée dans la roue, les filets liquides ne s'appuyaient plus que sur les 5 aubes demeurées entières. Il devait arriver ainsi que le frottement diminuât, mais d'autres causes pouvaient diminuer l'effet utile. D'abord l'inégale vitesse des filets fluides dans l'espace considérable compris entre deux cloisons entières, ensuite le choc du fluide déjà animé d'une grande vitesse, contre les tranches des bouts de cloisons conservés, et la contraction qui devait se produire au point où cette masse se divisait entre les orifices d'écoulement. Les expériences consignées dans le tableau ci-joint ont été faites sur cette roue. Elles font voir que la modification essayée a diminué l'effet utile d'un dixième environ, de 5o à 45 ou 46.

F

EXPÉRIENCES DU 19 JUILLET 1840.

Roues de 25 aubes, dont 20 coupées et 5 entières.

NUMÉROS des essais.	CHARGE du frein.	NOMBRE de tours.	EAU dépensée.	CHUTE.	RAPPORT du travail mesuré au travail dépensé et OBSERVATIONS.	
1	241	145	260	0,421	0,401	
2	241	175	270	0,438	»	
3	241	167	270	0,438	»	
4	191	233	280	0,434	0,456	
5	191	228	270	0,433	»	
6	166	260	280	0,426	0,455	
7	166	264	282,50	0,423	»	
8	141	287	285	0,418	0,427	
9	141	328	300	0,438	»	
10	141	314	295	0,435	»	
11	141	285	280	0,433	»	
12	141	287	280	0,431	»	
13	141	230	250	0,330		Roue noyée.
14	141	205	240	0,328		*Idem.*
15	141	214	240	0,328	0,4563	*Idem.*
16	141	309	285	0,421	0,4563	Dans l'air.
17	116	333	290	0,442	0,3787	
18	116	345	300	0,442		
19	141	304	280	0,438		
20	α	0	240	0,442		
21	α	0	210	0,339	Noyée.	
22	0	448	290	0,256	Noyée sans charge.	
23	0	522	340	0,428	Dans l'air, sans charge.	

§ 14. Le seul moyen de diminuer l'influence des frottements était donc de diminuer la longueur des canaux mobiles, et pour cela de rétrécir la largeur des couronnes de la roue; mais en même temps, il fallait incliner davantage les cloisons, à leur origine, sur les tangentes à la circonférence intérieure, afin qu'elles ne fussent pas frappées par derrière par le fluide entrant. Voici la forme à laquelle je me suis arrêté, comme remplissant assez bien ces conditions.

Les dimensions suivantes sont celles d'une roue qui devrait dépenser environ un mètre cube d'eau par seconde, sous une chute d'un mètre. La largeur de l'aubage est seulement de $0^m,15$; le rayon intérieur étant de $0^m,60$; le rayon extérieur est de $0^m,75$; les cloisons au nombre de trente forment avec les tangentes à la circonférence intérieure un angle de $20°$, elles sont planes, jusqu'aux $2/3$ de la largeur des couronnes, et se terminent ensuite par des arcs de cercle dont les centres sont sur une circonférence de $0^m,5553$ de rayon. Ces arcs de cercle sont prolongés au delà du point de contact avec la circonférence de $0^m,75$ de rayon, par une petite portion de cette circonférence, de telle sorte que la normale abaissée de l'extrémité d'une cloison sur le dos de la suivante ait seulement $0^m,025$ de longueur. Les cloisons ayant $0^m,25$ de hauteur, dans le sens vertical tant à l'intérieur qu'à l'extérieur, l'orifice d'écoulement de chacun des tuyaux mobiles est un rectangle de $0,025$ de base sur 0^m25 de hauteur; la surface de cet orifice est donc égale à $0^{mm},00625$, et les trente orifices présentent ensemble une aire de $0^{mm},1875$. On a donc $A_i =$ $0^{mm},1875$.

D'ailleurs $A = (6,2832 \times 0,60 — 30 \times 0,005)0,25$, en supposant aux cloisons une épaisseur de 5 millimètres; ce qui donne : $A = 0^{mm},90498$.

La longueur développée d'une cloison est d'environ $0^m,39$, et l'angle α est de $20°$.

D'après ce tracé on a :

$$\frac{c_i}{a_i} = \frac{2(0,25 + 0,025)}{0,00625} = 88 ;$$

$$\frac{c_o}{a_o} = \frac{2(0,25 + 0,120664 \sin 20°)}{0,030166 \sin 20°} = 56 ;$$

$$\frac{c_o}{a_o} \times \frac{a_i^2}{a_o^2} = 20,54 , \text{ soit } 21 .$$

D'où l'on tire pour le coefficient K, calculé comme nous l'avons fait précédemment :

$$K = 0{,}0036 \times 109 \times 0{,}39 = 0{,}153.$$

L'équation qui fournit la dépense Q en fonction de la vitesse angulaire w, et de la chute H, en négligeant l'influence du choc est donc :

$$A_{,}u_{,} = \sqrt{\dfrac{2g\mathrm{H} + w^{\text{\tiny 2}} \times \overline{0{,}75}^{\text{\tiny 2}}}{\dfrac{1{,}1530}{0{,}1875^{\text{\tiny 2}}} + \dfrac{0{,}2346}{0{,}90498}}}$$

Effectuant les calculs et posant $\mathrm{H} = 1^{\mathrm{m}}$, cette équation devient :

$$Q = A_{,}u_{,} = 0{,}1875\, u_{,} = \sqrt{\dfrac{19{,}62 + 0{,}5625\, w^{\text{\tiny 2}}}{33{,}0894}}.$$

Si nous posons successivement dans cette équation $w = 3, 4, 5, 6$ et 7, nous avons les valeurs suivantes de Q :

$$
\begin{aligned}
w &= 3 \ \text{———————} \ Q = 0^{\mathrm{mmm}},863\\
w &= 4 \ \text{———————} \ Q = 0^{\mathrm{mmm}},930\\
w &= 5 \ \text{———————} \ Q = 1^{\mathrm{mmm}},008\\
w &= 6 \ \text{———————} \ Q = 1^{\mathrm{mmm}},098\\
w &= 7 \ \text{———————} \ Q = 1^{\mathrm{mmm}},194
\end{aligned}
$$

Je calcule maintenant au moyen de la formule

$$T = \frac{\mathrm{P}}{g}\,(u_{,} - wr_{,}) \times wr_{,},$$

le travail transmis à la roue pour les diverses vitesses angulaires et dépenses d'eau correspondantes du tableau ci-dessus. On obtient les vitesses $u_{,}$, en divisant les dépenses d'eau par la somme des aires des orifices d'écoulement $0^{\mathrm{mm}},1875$.

Je puis former ainsi le tableau suivant :

VITESSES ANGULAIRES w	DÉPENSES D'EAU en mètres cubes. Q	QUANTITÉS DE TRAVAIL transmises à la roue, calculées, $T = \dfrac{1000\,Q}{g}(u_i - wr_i)wr_i$.	RAPPORT des quantités de travail calculées au travail total de la chute $\dfrac{T}{1000\,Q}$
	mètres cubes.	k. × m.	
3	0,863	466	0,54
4	0,930	557,5	0,60
5	1,008	626,6	0,62
6	1,098	683	0,62
7	1,194	682	0,57

Je m'assure si, pour les vitesses angulaires $w = 5$ et $w = 6$ qui correspondent aux plus grandes valeurs du rapport $\dfrac{T}{1000\,Q}$, le liquide jaillit dans les canaux mobiles avec une vitesse relative dirigée tangentiellement à l'origine des cloisons courbes. La vitesse relative du liquide, à l'origine des tuyaux mobiles, lorsque ceux-ci sont entièrement remplis, est $\dfrac{Q}{A \sin 20_{\circ}}$ et la composante de cette vitesse suivant la direction de la tangente à la circonférence est :

$$\frac{Q \cos 20°}{A \sin 20°} = \frac{Q}{A \, \mathrm{tang}\, 20°} \, ;$$

pour qu'il n'y ait pas de choc, il faut que cette composante soit égale à la vitesse wr_0, et que l'on ait par conséquent :

$$\frac{Q}{A} = wr_0 \, \mathrm{tang}\, 20° \, ;$$

A étant égal à 0,90498, on a :

Pour $w = 5$,

$$\frac{Q}{A} = \frac{1,008}{0,90498} = 1^{m},114 : wr_0 \, \mathrm{tang}\, 20° = 3 \, \mathrm{tang}\, 20° = 1,092 \, ;$$

Pour $w = 6$,

$$\frac{Q}{A} = \frac{1,098}{0,90498} = 1^m,213 : wr_o \tang 20° = 3,6 \tang 20° = 1,31.$$

On voit que s'il ne se perdait point d'eau par le jeu annulaire compris entre le pourtour injecteur et la roue, la direction de la vitesse relative de l'eau affluente serait sensiblement dirigée tangentiellement aux cloisons courbes de la roue, lorsque celle-ci tournerait avec la vitesse angulaire $w = 5$, et ferait par conséquent 45,8 tours par minute. Pour des vitesses voisines de celle-là l'obliquité de la vitesse relative par rapport à l'axe des canaux mobiles ne pourra exercer qu'une influence très-faible et négligeable. En conséquence nous pouvons admettre que le travail transmis à la roue serait, abstraction faite des pertes de liquide, et des résistances passives dues à l'action du milieu ambiant et aux frottements des parties solides, les $\frac{62}{100}$ du travail dépensé. Quelle sera la réduction de ce travail par suite des circonstances négligées dans le calcul, et que nous venons de rappeler? On pourrait essayer de la calculer par une méthode analogue à celle que M. Poncelet a indiquée dans son Mémoire sur les turbines de M. Fourneyron, lu à l'Académie des sciences, le 6 août 1838, et imprimé dans le Recueil de l'Académie. Mais indépendamment de la complication des calculs, il resterait toujours de l'incertitude sur la grandeur du jeu annulaire qui dépendra du degré de perfection de la machine construite. Je regarde donc comme aussi exact, en même temps que cela est plus conforme aux méthodes expérimentales de la pratique, de comparer l'effet *théorique* de la roue projetée dont je viens de donner les dimensions, avec l'effet *théorique* et l'effet obtenu en réalité du modèle de roue de 25 aubes à laquelle se rapportent les expériences du tableau D.

J'ai donc calculé, pour chacune des expériences de ce tableau, la vitesse relative d'écoulement de l'eau, à sa sortie des canaux mobiles, en divisant le volume d'eau dépensé, tel qu'il était donné par l'observation, par la somme des aires des orifices d'écoulement des canaux mobiles. u_i étant la vitesse relative ainsi obtenue, j'ai formé les produits $\frac{P}{g}(u_i - wr_i)wr$

qui représentent le travail *théorique* transmis à la roue, celui qui serait réellement transmis, s'il n'y avait pas de fuites d'eau, et si les vitesses u_i et wr_i étaient directement opposées. Enfin j'ai pris le rapport de ce travail *théorique* au travail observé tel qu'il est donné par l'expérience au frein. Les résultats de ce calcul sont consignés dans le tableau suivant :

NUMÉROS des expériences du tableau D.	VITESSES angulaires w.	EAU dépensée en litres, ou kilogrammes.	TRAVAIL observé et mesuré au frein en kilogr. élevés à un mètre par seconde.	TRAVAIL calculé par la formule $\frac{P}{g}(u_i - wr_i)wr_i$.	RAPPORT du travail calculé au travail mesuré.
Moyenne des expériences 1 et 2	20,84	4,50	60,267	74,64	0,81
Moyenne des expériences 3 et 4	28,90	4,62	66,244	79,14	0,84
Moyenne des expériences 5 et 6	23,04	4,59	58,89	75,72	0,78
7	31,83	4,75	63,269	82,50	0,77
8	33,41	4,75	66,34	79,14	0,84
9	35,08	4,75	69,881	74,70	0,93
10	32,67	4,83	65,083	86,16	0,76
11	34,56	4,83	68,84	79,80	0,86
12	39,90	4,92	67,507	70,20	0,96
13	38,22	4,83	64,673	70,08	0,92
14	36,55	4,83	61,839	75,78	0,82
15	37,18	4,92	62,901	80,34	0,78
16	40,84	4,83	56,85	59,394	0,95
17	40,21	4,83	55,976	62,16	0,90
18	17,17	4,33	54,82	61,92	0 88
19	27,33	4,33	46,240	64,86	0,71
20	26,70	4,25	45,182	61,44	0,73
21	0	3,917	0	0	.
22	0	4,083	0	0	.
23	48,28	4,917	0	24,738	0
24	56,55	5,667	0	30,252	0

Je prends les expériences dans lesquelles le rapport du travail utilisé au travail dépensé, l'effet utile, a approché du maximum, et dans lesquelles la vitesse relative de l'eau entrante s'est peu écartée du plan tangent aux cloisons courbes. Ce sont celles qui présentent le plus d'analogie avec la roue projetée faisant de 45 à 5o tours par minute. Ces expériences portent les numéros 3 et 4, 7, 8, 9, 10 et 11. La moyenne du rapport du travail observé au travail calculé, pour ces expériences, est o,84. Je pense que le déchet serait à peu près le même, ou du moins ne serait pas plus grand dans la roue projetée. Dans ce cas le travail mesuré au frein sur l'arbre de celle-ci serait les o,84 du travail calculé, et par conséquent les o,5a du travail total dû à la chute d'eau comprise entre les deux surfaces de niveau des biez d'amont et d'aval.

Il est fort probable qu'une roue bien exécutée et installée, ayant les dimensions indiquées ci-dessus, dépenserait les quantités d'eau calculées et utiliserait au moins les o,5a du travail de la chute : je dis *au moins*, parce que, dans les constructions en grand, le jeu annulaire entre la roue et le pourtour injecteur pourra être comparativement plus petit que dans le modèle mis en expérience, et que ce jeu me paraît être la cause principale de la différence entre le travail calculé et le travail mesuré au frein.

§ 15. Les expériences nombreuses que j'ai rapportées, jointes à d'autres essais qu'il serait trop long de citer, me portent à croire qu'il serait assez difficile de donner aux roues dépourvues de tuyaux adducteurs et analogues à celles dont je me suis occupé jusqu'ici, des formes plus avantageuses que celle que j'ai indiquée en dernier lieu, et qui est le résultat de beaucoup de tâtonnements. Le tracé est simple, et il se prête bien, comme on le verra plus loin, à recevoir une vanne qui fasse varier les volumes d'eau dépensés par la roue, sans trop affaiblir le rapport de l'effet utile au travail dépensé.

Étant donné le tracé d'une roue qui dépense un mètre cube d'eau, sous un mètre de chute, en tournant avec une vitesse angulaire déterminée, et utilisant une fraction donnée du travail dépensé, on construira sans difficulté des roues du même genre qui dépenseront un volume d'eau quelconque, sous une chute quelconque, en utilisant la même fraction du travail total de la chute.

Il résulte en effet, de la théorie exposée et des nombreuses expériences que j'ai faites :

1° Qu'une roue donnée placée sous des chutes diverses, et recevant dans tous les cas le volume d'eau total qu'elle peut débiter, produira le maximum d'effet sous la chute, et utilisera la même fraction du travail total de la chute, en prenant des vitesses angulaires directement proportionnelles aux racines carrées des hauteurs des chutes respectives, et en dépensant des volumes d'eau qui seront aussi proportionnels aux racines carrées des chutes.

2° Que deux roues *semblables*, mais de dimensions différentes, placées sous la même chute, produiront le maximum d'effet et utiliseront la même fraction du travail dépensé, en prenant des vitesses angulaires, qui seront en raison inverse des dimensions linéaires, et dépenseront des volumes d'eau qui seront en raison directe des carrés de ces mêmes dimensions.

Ces deux principes sont une conséquence fort simple des deux équations qui expriment la dépense d'eau et le travail utilisé. En effet, de l'équation

$$u_{\scriptscriptstyle 1}^{2}\left[1 + K + \frac{A_{\scriptscriptstyle 1}^{2}}{A^{2}}\left(\frac{1}{\mu^{2}} - 1\right)\right] = w^{2}r_{\scriptscriptstyle 1}^{2} + 2gH, \qquad (x)$$

qui satisfait avec un grand degré d'exactitude aux expériences, lorsque le choc de la masse liquide affluente contre les parois des canaux mobiles exerce peu d'influence, expériences qui sont précisément celles dans lesquelles l'effet utile est le plus grand, il résulte : 1° que si la chute H change, la roue demeurant d'ailleurs la même, et si en même temps la vitesse angulaire varie comme la racine carrée de H, de telle sorte que $w^{2}r_{\scriptscriptstyle 1}^{2}$ varie proportionnellement à H, $u_{\scriptscriptstyle 1}^{2}$ variera aussi proportionnellement à H. Le coefficient qui multiplie $u_{\scriptscriptstyle 1}^{2}$ dans le premier membre est en effet purement numérique et ne change point avec la hauteur H et la vitesse w. La dépense d'eau Q, qui, pour une roue donnée, est égale à $A_{\scriptscriptstyle 1}u_{\scriptscriptstyle 1}$

et proportionnelle à u_1, varie donc, dans les mêmes circonstances, proportionnellement à $\sqrt{H}$.

D'ailleurs, l'expression du travail transmis à la roue dans l'unité de temps est $\dfrac{P}{g}(u_1 - wr_1)\,wr_1$, P étant le poids du volume d'eau Q. Le rapport de ce travail au travail moteur total de la chute, PH, est donc $\dfrac{(u_1 - wr_1)\,wr_1}{gH}$, et ce rapport demeure constant, puisque chacun des deux facteurs du numérateur croît proportionnellement à la racine carrée du dénominateur H. Il est vrai que l'expérience directe avec le frein appliqué sur l'arbre de la roue, donne un travail moindre que $\dfrac{P}{g}(u_1 - wr_1)\,wr_1$. Mais si on examine les causes de la perte de travail, on sera convaincu que cette perte demeure elle-même sensiblement proportionnelle à la racine carrée de la hauteur de la chute. Ces causes sont en effet principalement dans la perte d'eau qui a lieu par la fente annulaire, perte qui diminue à la fois le poids P agissant sur la roue et la vitesse u_1, dans l'inclinaison de la direction de la vitesse relative u_1 sur la tangente à la circonférence de rayon r_1, et enfin dans le frottement de l'eau motrice, et de l'eau ambiante, lorsque la roue est immergée, contre le disque de cette roue. Or, si nous désignons par P' le poids d'eau qui se perd par le jeu annulaire; par φ l'angle que la direction de la vitesse relative d'écoulement forme avec la tangente à la circonférence de rayon r_1, par u', la vitesse relative d'écoulement avec laquelle l'eau, dont le poids est réduit à P — P', sort des canaux mobiles, le travail transmis en réalité à la roue, correspondant à une dépense totale d'eau P, sera $\dfrac{(P - P')}{g}(u'_1 \cos\varphi - wr_1)$, et le rapport de ce travail au travail moteur total dépensé, sera

$$\frac{(P - P')\,(u'_1 \cos\varphi - wr_1)\,wr_1}{gPH},$$

dont il faudra encore soustraire le travail résistant dû au frottement de l'eau contre le disque de la roue.

Or, l'eau perdue P', pour une même roue placée sous des chutes diverses, est évidemment proportionnelle à la racine carrée de l'excès de la pression qui a lieu dans l'eau en mouvement, à sa sortie du pourtour *injecteur*, sur la pression du milieu environnant, et cette pression, exprimée en colonne d'eau, est déterminée dans tous les cas, ainsi que les autres inconnues de la question, par des équations dans lesquelles son expression entre au premier degré, comme la chute totale H, tandis que les vitesses u'_1, wr_0, wr_1, etc., y entrent à la seconde puissance. Il en résulte que si l'on admet que les carrés des vitesses wr_0, wr_1, etc., varient proportionnellement à la chute H, toutes les dimensions de la roue restant .d'ailleurs les mêmes, les pressions dans les divers points des vases où circule le liquide, et notamment à la sortie du pourtour injecteur, varieront aussi proportionnellement à cette chute H, qu'en conséquence les vitesses de l'eau à travers tous les passages varieront proportionnellement à $\sqrt{H}$. La perte P' sera donc proportionnelle à $\sqrt{H}$, ainsi que le poids d'eau $P - P'$ dépensé par les orifices de la roue. Par conséquent, le rapport $\dfrac{P - P'}{P}$ demeurera constant. D'un autre côté, u'_1 variera encore proportionnellement à $\sqrt{H}$; l'angle φ sera le même. Donc, le rapport

$$\frac{(P - P')(u'_1 r_1 \cos \varphi - wr_1) wr_1}{gP \quad H}$$ demeurera toujours invariable.

Quant au travail résistant dû au frottement de l'eau contre les disques, M. Poncelet a fait voir, dans son Mémoire déjà cité sur les turbines de M. Fourneyron, que, pour une même roue, en supposant le frottement de l'eau proportionnel aux carrés des vitesses, il est proportionnel au cube de la vitesse angulaire; le rapport de ce travail résistant au travail moteur dépensé, est donc égal à $C \dfrac{w^3}{PH}$, C étant un coefficient numérique indépendant de H et de w. Or, quand on suppose que w^2 varie proportionnellement à H, P varie proportionnellement à $\sqrt{H}$, et, par conséquent, à w. Le rapport $\dfrac{w^3}{PH}$ demeure donc aussi invariable. Ainsi les pertes de travail dues aux causes que nous venons d'énumérer, restent toutes proportionnelles à la racine carrée de la chute totale, lorsqu'on admet que les frottements de l'eau dans la machine sont proportionnels aux carrés des vitesses, ce qui est permis; le travail réellement disponible et mesuré au frein sur l'arbre de la roue doit donc être exprimé par $C \dfrac{P}{g} (u_{,} - wr_{,}) \, wr_{,}$, C étant un coefficient numérique indépendant de la chute H, coefficient qui, pour des roues semblables à celles de nos modèles, serait égal, d'après nos expériences, à 0,84, lorsque la dépense d'eau et la vitesse $u_{,}$ sont calculées par les formules données dans le texte, en négligeant la fuite qui a lieu par le jeu annulaire entre la roue et le pourtour injecteur.

Quant au deuxième principe, il est encore plus facile à démontrer que le premier. Si, en effet, on suppose deux roues SEMBLABLES, mais de dimensions différentes, placées sous la même chute H, et si l'on conçoit que ces deux roues prennent des vitesses angulaires qui soient en raison inverse de leurs dimensions linéaires, les vitesses wr_{0} et $wr_{,}$ de ces roues aux circonférences intérieure et extérieure demeureront les mêmes ainsi que la chute H. Le second membre de l'équation (x) demeurera donc invariable. Le premier membre, devant aussi conserver la même valeur, la vitesse $u_{,}$ demeurera la même, et la dépense Q variera proportionnellement aux aires A et $A_{,}$, ou aux carrés des dimensions linéaires de la roue, pourvu que le coefficient K conserve la même valeur. Or, c'est en effet ce qui doit avoir lieu; car l'expression générale de K est :

$$2\,6 \int_{0}^{L} \frac{ca_{,}^{2}}{a^{3}} \, ds \, ,$$

et la quantité sous le signe $\int$ étant de degré nul, l'intégrale conserve évidemment la même valeur, lorsqu'on fait varier dans le même rapport toutes les quantités qui entrent dans sa composition.

Il est d'ailleurs évident que le rapport du travail *théorique* transmis à la roue au travail total demeure invariable, puisque la hauteur de chute et les vitesses $u_{,}$ et $wr_{,}$ ne changent pas, et que le poids d'eau dépensé varie seul. Or, ce poids d'eau entre à la fois au numérateur et au dénominateur de ce rapport, et disparaît par conséquent du résultat final. Il est aussi facile de voir que la constance de ce rapport n'est pas altérée par les pertes dues à la fuite d'eau par le jeu annulaire, au frottement de l'eau contre les disques de la roue, etc.

Les deux principes énoncés sont donc une conséquence simple des équations du mouvement. Ils n'impliquent rien sur les valeurs des coefficients μ et K, ils impliquent seulement que les frottements de l'eau contre les corps solides sont proportionnels au périmètre mouillé et aux carrés des vitesses relatives, et ils subsistent nécessairement, pourvu que l'on admette que la dépense d'eau, par un tuyau donné, de forme et de longueur quelconque, est proportionnelle à la racine carrée de la hauteur de la chute, ce qui est sensiblement exact, lorsque les vitesses du fluide, dans ce tuyau sont un peu grandes; quand les vitesses sont petites, il en est autrement, à cause du terme proportionnel à la première puissance de la vitesse, qui entre dans l'expression du frottement.

Nous ajouterons, pour nous dispenser de revenir plus loin sur ce sujet, que ces principes s'appliquent aux roues à tuyaux qui ne reçoivent pas l'eau, dans la direction des rayons, en d'autres termes, aux roues pourvues de tuyaux adducteurs, tout comme à celles qui en sont dépourvues, et qu'ils s'appliquent également aux machines à tuyaux employées à élever de l'eau, ou à déplacer des fluides aériformes.

§ 16. Cela posé, que l'on soit parvenu à construire une fois une roue fonctionnant avec avantage sous une chute donnée, le tracé exact de cette roue type servira de règle au constructeur pour tous les autres cas qui pourront se présenter. Ainsi en supposant que la roue dont nous avons fixé les dimensions dans le § 14 fonctionne avantageusement, sous une chute d'un mètre, en dépensant un mètre cube d'eau, toutes les roues pourront être *semblables* à cette roue type. Toutes auront 30 cloisons, coupant la circonférence intérieure sous un angle de 20° avec la tangente; leurs dimensions linéaires seront à celles de la roue type dans le rapport de $\dfrac{\sqrt{Q}}{\sqrt[4]{H}}$ à l'unité, et les vitesses angulaires correspondantes au maximum d'effet seront à celles de la roue type dans le rapport de $\dfrac{\sqrt[4]{H^3}}{\sqrt{Q}}$ à l'unité.

En effet la roue qui dépense un mètre cube d'eau, sous un mètre de chute en prenant une vitesse angulaire w, et utilisant la fraction $\dfrac{1}{m}$ du travail total de la chute, si elle était placée sous une chute de H mètres, dépenserait

un volume d'eau égal à $\sqrt{\mathrm{H}}$ mètres cubes, en prenant une vitesse angulaire $w\sqrt{\mathrm{H}}$, et utiliserait la même fraction $\frac{1}{m}$ du travail moteur total.

D'un autre côté si l'on place sous la chute H une roue de forme semblable à la première, et dont les dimensions linéaires soient à celles de
la première dans le rapport de n à n', cette nouvelle roue, pour utiliser la même fraction du travail moteur total, devra prendre une vitesse
angulaire égale à $w\sqrt{\mathrm{H}}\times\frac{n'}{n}$, et dépensera un volume d'eau égal à
$\sqrt{\mathrm{H}}\times\frac{n^2}{n'^2}$ mètres cubes. Si donc on désigne par Q le volume d'eau que
doit dépenser la roue projetée, sous la chute H, et par W la vitesse
angulaire qu'elle doit prendre, on aura pour déterminer le rapport $\frac{n}{n'}$
et la vitesse W, les deux équations :

$$\mathrm{W} = w \sqrt{\mathrm{H}} \times \frac{n'}{n},$$

$$\mathrm{Q} = \sqrt{\mathrm{H}} \times \frac{n^2}{n'^2},$$

d'où l'on tire :

$$\frac{n'}{n} = \frac{\sqrt{\mathrm{Q}}}{\sqrt[4]{\mathrm{H}}},$$

$$\frac{\mathrm{W}}{w} = \frac{\sqrt{\mathrm{H}}}{\sqrt{\mathrm{Q}}} \times \sqrt[4]{\mathrm{H}} = \frac{\sqrt[4]{\mathrm{H}^3}}{\sqrt{\mathrm{Q}}},$$

comme nous l'avons énoncé.

D'après les expériences rapportées dans ce mémoire, et quelques autres
que nous n'avons pas citées, nous pensons que la roue dont nous avons
fixé les dimensions dans le § 14, peut être prise pour type des roues dépourvues de tuyaux adducteurs, destinées à dépenser des volumes d'eau
assez considérables sous des chutes qui ne seraient pas très-élevées. Ainsi,
étant donné le volume d'eau qu'une roue de ce genre à construire doit
débiter par seconde, et la hauteur de la chute, on déterminera les dimensions de cette roue d'après les règles précédentes, et si l'on apporte

à la confection et à la pose de la machine les soins convenables, on sera assuré qu'elle satisfera aux conditions données, en prenant une vitesse angulaire qui sera connue, et qu'elle utilisera au moins 52 pour 100 du travail moteur total de la chute.

§ 17. Il n'est presque pas de chute d'eau qui ne soit variable, quant au volume des eaux et quant à sa hauteur, entre des limites fort écartées, dans les diverses saisons de l'année. Les roues à réaction se prêtent parfaitement aux variations de chute qui résultent d'un exhaussement des eaux dans le biez de décharge, puisqu'elles tournent, sans que leur effet utile subisse une réduction notable. Il faut en outre qu'elles se prêtent aux variations de volume, et puissent dépenser des quantités d'eau variables, depuis le maximum pour lequel la roue a été établie, jusqu'aux plus petits volumes que les sécheresses laisseront dans le lit du cours d'eau. Il est indispensable pour cela qu'elles soient pourvues d'une vanne qui, dès que la quantité d'eau devient insuffisante, soutienne le niveau des eaux, dans le réservoir alimentaire, à la hauteur de la chute. Cette vanne doit évidemment agir sur la roue elle-même, de manière à rétrécir à la fois les orifices d'entrée et de sortie des canaux mobiles de la roue; il faut de plus qu'elle ne laisse pas, dans l'intervalle compris entre ces orifices, un élargissement dans lequel l'eau perdrait en remous et tourbillonnements une partie de sa vitesse. Toutes ces conditions seraient remplies, si le disque supérieur de la roue pouvait monter et descendre le long de l'arbre vertical de la roue, de manière à se rapprocher de l'anneau plat auquel les cloisons courbes de la roue sont fixées inférieurement, tandis que les bords supérieurs de ces cloisons passeraient par des fentes ménagées dans ce disque. Les hauteurs de toutes les cloisons seraient ainsi diminuées à la fois dans toute leur étendue, la roue entière serait aplatie, sans que ses autres dimensions fussent altérées; le rapport entre les grandeurs des aires des orifices d'admission et de sortie des tuyaux mobiles serait conservé, et la roue, en supposant la chute constante, débiterait, abstraction faite de l'accroissement des résistances dues au frottement qui serait augmenté par la diminution de la section des canaux mobiles, des volumes d'eau proportionnels à l'écartement du disque mobile de la partie inférieure des aubes, c'est-à-dire à la hauteur, variable à volonté, des cloisons courbes et de toute la roue.

On ne peut pas rendre mobile le disque supérieur de la roue, puisque c'est à ce disque que sont fixées les cloisons; mais il est possible de placer au-dessous de lui un disque mobile le long de l'arbre, refendu à l'endroit des cloisons de la roue, et que l'on pourra manœuvrer, au moyen de dispositions particulières, sans qu'il soit nécessaire d'arrêter la roue.

La planche II représente à l'échelle de $\frac{1}{20}$ une roue munie de sa vanne, telle qu'elle a été exécutée, sur mes dessins, à Vitry-le-Français, par M. Hubert, ingénieur civil chargé des travaux nécessaires pour l'élévation et la distribution des eaux de la Marne dans la ville.

Voici les bases d'après lesquelles j'ai dû fixer les dimensions de la roue de Vitry. La chute d'eau motrice est empruntée à la Marne. La hauteur de cette chute était variable entre $0^m,91$ et $1^m,83$; le volume d'eau concédé à M. Hubert pour le service de la machine hydraulique qui devait mettre en mouvement les pompes élévatoires, était variable depuis 85 litres par seconde, minimum correspondant à la chute la plus élevée $1^m,83$, jusqu'à 400 litres par seconde, maximum correspondant à la chute la plus basse $0^m,91$.

Il fallait évidemment disposer la roue de manière à ce qu'elle pût dépenser 400 litres d'eau, sous une chute de $0^m,91$, quand elle serait entièrement ouverte. Les règles établies dans le § 16 donnent pour le rayon intérieur d'une roue semblable :

$$0,60 \times \frac{\sqrt{0,400}}{\sqrt{0,91}} = 0,60 \times \frac{0,631}{0,976} = 0^m,3879,$$

ou pour son diamètre $0^m,776$.

Le diamètre extérieur doit dépasser celui-ci d'un quart, et sera par conséquent de $0^m,97$.

La hauteur des cloisons sera de $0^m,16$.

La vitesse angulaire la plus convenable sous la chute de $0^m,91$ sera à peu près égale à

$$5 \times \frac{\sqrt[4]{0,91^3}}{\sqrt{0,400}} = 5 \times \frac{0,93}{0,631} = 7,4,$$

ce qui correspond à 5o ou 5ı tours de la roue par minute.

Pour des chutes plus élevées et des volumes d'eau moindres, la roue conservant le même diamètre, la hauteur des cloisons et des canaux mobiles devait être diminuée par l'abaissement de la vanne ou disque mobile.

En donnant seulement trente cloisons courbes ou aubes à la roue, la normale abaissée de l'extrémité d'une d'elles sur le dos de la suivante, aurait eu o^m,o16ı de longueur. Il me sembla qu'il serait plus avantageux d'augmenter encore le nombre des cloisons, en réduisant en même temps la largeur de chacun des orifices d'écoulement, de manière à ce que la somme des aires de tous ces orifices demeurât invariable. J'ai donc fait un tracé avec 36 cloisons, et j'ai prolongé chacune d'elles par une portion de surface cylindrique ayant pour rayon le rayon extérieur de la roue, de manière que chacune des 36 normales abaissées de l'extrémité d'une cloison sur la convexité de la cloison suivante eût exactement o^m,o134 de longueur. J'ai fixé à o^m,6o le diamètre le plus étroit de l'embouchure évasée du canal qui aboutit sous la roue, et j'ai recommandé que ce canal eût partout une section dont l'aire fût plus grande que celle du cercle de o^m,6o de rayon. Cette aire est elle-même plus petite que celle du pourtour cylindrique de o^m,16 de hauteur et de o^m,776 de diamètre qui constitue le pourtour injecteur, de sorte que, lorsque la vanne est entièrement ouverte, l'eau prend, dans ce passage, une vitesse un peu plus grande que celle avec laquelle elle vient ensuite traverser le pourtour injecteur. Cela peut être un inconvénient : mais il est faible, à cause de la petite vitesse de l'eau dans tous ces passages ; et comme d'ailleurs la roue ne devait que rarement dépenser 4oo litres d'eau et être entièrement ouverte, la hauteur des aubes devait être réduite la plupart du temps à 1o ou 12 centimètres au plus, et dans ce cas le pourtour injecteur avait une superficie plus petite que le cercle de o^m,6o de diamètre, ou sensiblement égale à ce cercle.

Les fig. ı et 2 de la planche II et la fig. ı, pl. III, représentent le dispositif général du vannage et de la roue dont j'ai donné le dessin à M. Hubert, et qu'il a exécutés. Le cours d'eau à l'endroit où le moteur devait être établi, est encaissé entre deux murs verticaux BB, B'B' fig. 2, pl. II; les eaux sont soutenues en amont par une digue transversale T, pourvue d'une vanne ordinaire V que l'on abaisse, pour ouvrir une communication libre par une large échancrure, entre les eaux du biez supérieur et le réservoir prismatique R. Ce réservoir qui fait suite au biez d'amont, quand la roue marche et que la vanne V est baissée, est fermé en avant par une digue transversale D, qui y soutient les eaux au niveau du biez d'amont. Au fond de ce réservoir aboutit le canal C formé de caisses en fonte établies dans l'épaisseur de la maçonnerie du radier construit entre les murs latéraux BB, B'B'. Ce canal vient déboucher sous le disque de la roue.

L'arbre vertical de celle-ci porte sur un pivot en fer, guidé dans un support cylindrique en fonte et posé sur un levier horizontal, au moyen duquel on peut le soulever ou l'abaisser d'une petite quantité. Ces dispositions, ainsi que l'établissement de la roue au-dessus de l'orifice circulaire évasé du canal, sont très-simples, et le dessin rend superflue une explication plus détaillée. J'arrive à la roue.

Sur l'arbre vertical est fixée invariablement la pièce en fonte a, b, c, d. Elle a la forme d'un tuyau cylindrique fermé par un bout, et terminé à l'extrémité ouverte par une bride plate saillante à la fois en dedans et en dehors du tuyau. C'est sur la saillie extérieure que sont fixées les 36 cloisons, planes depuis la circonférence interne jusqu'aux deux tiers de la largeur des couronnes, et ensuite recourbées suivant des surfaces cylindriques dont la section est représentée fig. 2. La saillie intérieure de la bride est beaucoup moins large. Cette saillie est alésée avec soin sur son pourtour intérieur ii. vv est le disque mobile formant vanne. C'est la contre-partie de la pièce $abcd$; elle a la forme d'un tuyau cylindrique court, fermé par un bout et dépourvu de brides à son extrémité ouverte mn. Le fond se prolonge extérieurement en un anneau plat de largeur égale à la couronne portant les cloisons de la roue. Le pourtour extérieur de ce tube mn est tourné, de manière à entrer juste dans le cercle ii formé par la partie alésée de la pièce supérieure. Le fond est percé d'un trou

alésé, qui s'adapte à frottement sur l'arbre tourné de la roue, le long
duquel la pièce entière peut monter ou descendre. Le rebord plat, qui
vient s'engager dans les aubes de la roue, n'est pas fondu en une pièce
avec celle que nous venons de décrire. C'est un anneau en laiton fixé par
des boulons, et que l'on a refendu à l'endroit des aubes. La pièce $abcd$
étant calée sur l'arbre à demeure, et les aubes fixées par leur tranche
supérieure sur le pourtour du rebord plat, la pièce $mn\,vv$ est enfilée sur
l'arbre, les cloisons sont engagées dans les fentes que l'on a pratiquées,
après quoi le rebord plat inférieur ee est fixé aux tranches inférieures
des cloisons. L'intérieur de la pièce $mn\,vv$ peut être garni avec du bois.
Le fond inférieur de cette pièce est lié à trois boulons à vis, et tournés t,t,
qui traversent dans des presse-étoupes fortement serrés, le fond supérieur de la pièce fixée sur l'arbre $abcd$, et servent à faire monter ou
descendre la vanne parallèlement à l'axe de l'arbre.

Voici comment on produit ce mouvement, dans la roue de Vitry. L'arbre de la roue passe dans un fourreau en fonte ff', terminé en bas par
une bride plate circulaire, percée de trous dans lesquels passent les
boulons t,t,t dont les têtes filetées reçoivent des écrous qui reposent
sur cette bride. Ce fourreau tourne avec la roue et la vanne, il est terminé en haut par une bride plate et planée pp saillante en dehors.
Un second fourreau FF, dans l'intérieur duquel passe l'arbre, est super-
posé au premier. Ce second fourreau est fixé dans un collier KK, qui lui
permet de monter ou de descendre, mais l'empêche de participer au mouvement de rotation de la roue. Les deux fourreaux sont liés entre eux par
la bride du fourreau inférieur et par une pièce plate annulaire rapportée,
et fixée par des boulons sous le fourreau supérieur ; de cette façon la
bride du fourreau inférieur est saisie dans le fourreau supérieur. Les
deux pièces deviennent solidaires, pour les mouvements parallèles à
l'axe de l'arbre de la roue, mais elles sont indépendantes quant aux
mouvements de rotation autour de cet axe, l'une participant nécessairement au mouvement de rotation de la roue, tandis que l'autre n'y
participe jamais. Le fourreau supérieur porte en dessus du collier fixe KK
un filet de vis saillant, lequel s'engage dans un écrou taraudé dans le
moyeu d'une roue d'engrenage rr supportée par une pièce en fonte qui

porte aussi le collier *ss* dans lequel tourne l'arbre de la roue. Cette roue *rr* engrène avec un pignon *u*, sur l'axe vertical duquel est adaptée la manivelle W. Lorsque l'on veut lever ou baisser la vanne, la roue étant supposée en mouvement ou en repos, il suffit de tourner à la main la manivelle W dans le sens convenable. Le pignon communique son mouvement de rotation à la roue *rr*; celle-ci fait monter ou descendre dans l'écrou qui tourne, le filet de vis saillant sur le fourreau FF, et par conséquent ce fourreau lui-même. Le fourreau *ff'* monte ou descend nécessairement, sans cesser de participer au mouvement de rotation de la roue, et entraîne avec lui la vanne qui règle la hauteur des cloisons courbes de la roue.

On pourrait craindre que cette disposition n'eût l'inconvénient de donner lieu à un frottement assez considérable du collet du fourreau inférieur dans l'espèce de gouttière annulaire où il est engagé au bas du fourreau supérieur. Il suffit, pour parer à cet inconvénient, de serrer très-fortement les presse-étoupes à travers lesquels passent les boulons *t, t, t* qui servent à lever la vanne, de manière à ce que le frottement, dans ces presse-étoupes, suffise presque à lui seul pour tenir en place la vanne qui est poussée de bas en haut par l'action de l'eau qui vient frapper le disque par-dessous. C'est ce que l'on a fait à Vitry; la roue mise en place depuis près de deux ans, et qui est en activité depuis un an, a marché sans difficulté dès les premiers essais, n'a pas donné lieu depuis à un seul arrêt, et n'a exigé de réparation d'aucune espèce. Le poids de la roue et de l'arbre est entièrement soutenu par l'action de l'eau montante en dessous du disque; ce poids n'exerce donc aucune pression sur le pivot inférieur qui sert seulement de guide. Il a fallu au contraire, pour maintenir la roue en place, faire appuyer l'extrémité supérieure de l'arbre contre un pivot fixe renversé.

La roue a été établie de façon que le niveau de l'eau à l'étiage arrivât à la ligne LM. Dans les grandes eaux, elle est noyée jusqu'au-dessus du fond supérieur de la pièce *abcd*. Afin que les boulons et les nervures saillantes ménagées sur cette pièce ne battent pas l'eau dans le canal de décharge, on a fixé à la roue un cylindre en tôle dont les bords s'élèvent toujours au-dessus du niveau de l'eau. Au surplus on aurait dû éviter, dans la construction, les nervures saillantes sur les bords plats et sur le fond supérieur de la pièce *abcd* ; il aurait alors suffi d'entourer d'un cylindre en tôle la partie voisine de l'arbre où sont placés les boulons *t, t, t* et les presse-étoupes.

§ 18. Pour des roues de grandes dimensions, le dispositif adopté à Vitry aurait plusieurs inconvénients, et entre autres celui d'exiger beaucoup de métal pour la confection des pièces *a b c d* et *m n*, qui rentrent l'une dans l'autre. Le poids de la roue, il faut bien le remarquer, est un avantage sous le point de vue mécanique, et non un inconvénient; car ce poids étant porté par l'impression du fluide moteur qui débouche en dessous, contribue à régulariser le mouvement de la roue, quand elle est sollicitée par des résistances variables, sans donner lieu à aucun frottement additionnel sensible. Mais il reste l'inconvénient du prix de la machine, et on ne peut pas songer à la construire en bois, à cause de la précision indispensable dans des constructions de ce genre.

La fig. 2, pl. III, représente l'élévation et la section verticale d'une disposition de roue qui n'a pas été exécutée, mais qui me paraît avoir, au moins pour les grandes machines, un avantage marqué sur le dispositif de la pl. II décrit ci-dessus. Les cloisons fixes sont attachées à l'anneau plat *a b*, qui est invariablement fixé à l'arbre de la roue par un système de bras ou de rayons en fonte fondus avec lui d'une seule pièce. Les intervalles entre ces bras peuvent être remplis par de simples feuilles de tôle, ou des plaques de fonte minces, ou même laissés entièrement vides. Dans l'épaisseur des bras sont ménagées des tubulures cylindriques *m* à travers lesquelles passent les tiges filetées de très-forts boulons en fer forgé, auxquels est fixé le disque *d d d* dont le bord est refendu à l'endroit des aubes, et qui peut monter et descendre le long de l'arbre. Une longue portée alésée intérieurement est ménagée au centre de ce disque, afin que son axe ne puisse pas s'incliner sur celui de l'arbre. Des roues dentées R dont les moyeux sont taraudés en écrous, reposent et sont fixées sur les bords des tubulures *m* ; les filets des tiges des boulons sont engagés dans ces écrous. Toutes ces roues dentées engrènent avec une roue centrale qui fait corps avec un fourreau *ff*, enfilé sur l'arbre de la roue, mais indépendant de cet arbre, pouvant tourner autour de lui, en restant toutefois à la même hauteur. A l'extrémité supérieure, ce fourreau porte une seconde roue dentée $r'r'$ qui peut avoir un diamètre égal à celui de la roue rr. Plus haut, sur l'arbre de la roue est la roue dentée qq invariablement fixée à l'arbre et faisant corps avec lui.

Dans l'état ordinaire des choses, la roue en mouvement entraînera avec elle le fourreau ff, et les roues dentées RR. La vanne restera immobile, pourvu que les filets des vis des boulons aient une inclinaison assez faible, pour que ces filets ne montent pas dans leurs écrous, en faisant tourner les roues RR. Maintenant si l'on veut élever la vanne pendant que la roue tourne, il suffira, par exemple, d'empêcher le fourreau ff de participer au mouvement de rotation de la roue. Les roues RR entraînées par la rotation de la roue, rouleraient alors sur le contour de la roue rr devenue fixe, tourneraient par conséquent sur leur axes, et feraient monter la vanne par l'intermédiaire des boulons filetés. Un simple frein appliqué sur le pourtour du fourreau ff, pendant que la roue tourne, suffirait pour empêcher ou du moins ralentir la rotation du fourreau et pour obtenir le résultat indiqué ; c'est-à-dire un mouvement de la vanne vers le haut, ou vers le bas, suivant le sens des filets des vis par rapport au sens de la rotation de la roue.

Pour obtenir le mouvement de la vanne en sens contraire, il faudra accélérer, au lieu de ralentir le mouvement de rotation du fourreau, c'est-à-dire lui imprimer une vitesse angulaire supérieure à celle de la roue. C'est à cela que sert le mécanisme réprésenté en M dans la fig. 2. xx' est un arbre vertical porté sur des paliers fixes, et mobile sur son axe. Cet arbre porte : 1° une roue *fixe* s qui engrène avec la roue qq montée sur l'axe de la roue; 2° une roue *folle* s' que l'on peut fixer à volonté, au moyen d'une griffe d'embrayage z menée par une tige telle que l', et un petit levier intermédiaire. Une autre tige l sert à serrer un frein p qui presse sur le contour d'un cylindre uni monté aussi sur l'arbre vertical xx', mais faisant système avec la roue s. Les roues s et s' ont des diamètres différents. La première engrène, ainsi que nous l'avons dit, avec la roue qq montée sur l'arbre de la roue : l'autre avec la roue $r'r'$ montée sur le fourreau ff.

Cela posé, si le frein p n'est pas serré, et si la roue s' n'est pas fixée par la griffe d'embrayage sur l'arbre xx', la roue entraînera le fourreau et la roue $r'r'$ dans son mouvement de rotation. La roue qq fera tourner la roue s avec l'arbre xx' auquel elle est fixée, tandis que la roue $r'r'$ fera tourner la roue s'. Si les roues qq et $r'r'$ avaient des diamètres égaux entre elles, ainsi que les roues s et s', ces deux dernières tourneraient comme si elles étaient fixées toutes deux sur l'arbre xx'. Mais s'il y a une différence entre les diamètres de s et s', si s' est plus grand que s, et $r'r'$ plus petit que qq, il est évident que la roue s' menée par le fourreau sera en retard par rapport à la roue s. Elle aura un mouvement rétrograde autour de l'arbre xx' qui fait corps avec la roue s. Maintenant, si l'on vient à fixer par la griffe z, la roue s' sur l'arbre xx', cette roue sera forcée de suivre le mouvement angulaire imprimé à l'arbre et à la roue s par la roue qq, fera nécessairement tourner le fourreau, et lui imprimera un mouvement de rotation autour de l'arbre plus rapide que celui que la roue possède elle-même. Le fourreau tournant plus rapidement que la roue pourra donc faire monter la vanne, si les filets de vis sont tracés dans le sens convenable. Quant au frein p, il remplace celui que l'on pourrait appliquer directement sur le fourreau. En arrêtant la roue s' qui fait corps avec le cylindre pressé par le frein, il arrête en même temps la rotation du fourreau, et lui imprime un mouvement rétrograde autour de l'axe de la roue.

Ces mécanismes sont simples et ne me paraissent sujets à aucun dérangement. Je dois dire ici que les détails du dispositif ont été étudiés par M. Hubert. Je lui avais indiqué le principe du mécanisme, en disant qu'il fallait établir un fourreau portant une roue centrale engrenant avec les roues RR ; qu'on imprimerait un mouvement rétrograde au fourreau autour de l'axe de la roue, par l'application d'un frein, et qu'il était facile d'imprimer un mouvement en avant autour du même axe, par un système de roues d'engrenage dont la première ferait système avec la roue, la dernière avec le fourreau, et qui seraient séparées par deux roues folles montées sur des axes indépendants de la roue, et qu'on embrayerait à volonté, de telle sorte que la roue montât elle-même sa vanne. Je n'avais pas étudié moi-même les détails du mécanisme, qui peut être varié de beaucoup de manières La combinaison imaginée par M. Hubert me paraît avoir toute la simplicité désirable.

La partie de la roue supérieure à la vanne, se remplirait d'eau, qui prendrait des mouvements de rotation très-nuisibles à l'effet utile, quand la roue serait noyée. Pour éviter cet inconvénient, j'entoure le contour extérieur de la vanne d'un cylindre de tôle tourné vers le haut, qui emboîte toujours la partie de la roue devenue inutile par l'abaissement de la vanne. Les bords du cylindre doivent s'élever au-dessus du niveau supérieur des bras ou rayons qui portent la couronne ab. Il va sans dire qu'ils doivent aussi s'élever au-dessus du niveau des roues R, R, si celles-ci étaient placées assez bas pour qu'elles pussent être accidentellement immergées. En un mot, il faut éviter que les eaux du biez d'aval soient jamais agitées par les tiges ou autres parties saillantes de l'appareil.

Enfin il est indispensable de faire passer les eaux, avant qu'elles arrivent sur la roue, à travers un grillage capable d'arrêter les corps solides qui pourraient engorger les tuyaux de la roue, et d'autant plus serrés par conséquent que la roue est plus petite. Au surplus, les roues disposées comme je viens de le dire, ont l'avantage d'être très-accessibles et de pouvoir être nettoyées sans difficulté. On peut les soulever, les retirer de l'eau et les remettre en place, en très-peu de temps.

§ 19. Mes occupations ne m'ont pas permis d'aller à Vitry, pour soumettre la roue que j'ai décrite, à des essais variés, du même genre que ceux que j'avais faits sur les modèles en petit. L'eau élevée par les quatre pompes mises en mouvement par cette roue, est obligée de traverser des filtres du système de la *Compagnie française*, avant de se rendre au réservoir ; de sorte qu'il n'est pas possible de mesurer l'effet utile par le poids d'eau élevé par les pompes à une hauteur déterminée, attendu que la pression nécessaire pour faire passer l'eau à travers des filtres très-serrés constitue une partie très-notable de la pression totale exercée par les pistons des pompes foulantes.

Des expériences faites par M. Hubert avec un frein de Prony placé sur l'arbre de la roue, montrent que la machine utilise de 50 à 53 pour 100 du travail moteur dépensé, quand elle tourne avec une vitesse convenable, et que la vanne est fermée aux deux tiers.

Voici les détails de ces expériences, tels qu'ils m'ont été communiqués :

La chute totale, ou distance verticale du niveau de l'eau dans le biez supérieur au niveau de l'eau dans le canal de décharge, était de $1^m,78$. Pour déterminer le volume d'eau, qui a traversé la roue, on a mesuré la vitesse à la surface de l'eau dans une partie du canal de fuite, qui a une largeur régulière de $1^m,47$, sur une longueur de 8 mètres. On mesurait la profondeur de l'eau, et le temps employé par un corps léger, jeté au milieu du courant, à parcourir cette distance de 8 mètres. La longueur du bras de levier du frein, appliqué sur l'arbre de la roue était de $1^m,83$.

Première expérience.

Profondeur de l'eau dans le canal de fuite. . . . . . . $0^m,30$

Le temps employé par un corps léger jeté au milieu du courant à parcourir la distance de 8^m, a été de $26''$.
D'où l'on conclut que la plus grande vitesse à la surface était de $0^m,308$.
La charge du frein était de 7 kil., 19.
La roue a fait, sous cette charge, 65 révolutions par minute.
La vitesse moyenne de l'eau, dans le canal rectangulaire de décharge, calculée par la formule de M. Prony, $U = \dfrac{V(V+2,37)}{V+3,15}$ est égale aux 0,77 de la vitesse maximum $0^m,308$, donnée par le flotteur. Cette vitesse moyenne est donc de $0^m,237$.
Le volume d'eau correspondant est : $1,47 \times 0,30 \times 0,237 = 0$ m. cube, 1045 ou 104 litres, 5.
Le travail moteur dépensé $= 104,5 \times 1,78 = 186$ kilog. $\times^m$;

Le travail observé au frein $= 7$ k., $19 \times 1,83 \times 6,28 \times \dfrac{65}{60} = 89,50$;

Le rapport $\dfrac{89,50}{186} = 0,48$;

La levée de la vanne de la roue était dans cette expérience de $0^m,035$.
Elle n'a pas été mesurée dans les expériences suivantes.

Deuxième expérience.

Temps employé par le flotteur à parcourir les 8 mètres. . $26''$
Hauteur de l'eau dans le canal de décharge. . . . . . . $0^m,30$
Charge du frein.   6 k., 19
Nombre de tours de roue par minute.   75

9

La dépense d'eau a été, comme dans la première expérience, de 104 litres, 5 par seconde, et le travail dépensé de 186 kil. $\times^m$;

Le travail mesuré au frein est :

$$6 \text{ kil. } 119 \times 1,83 \times 6,28 \times \frac{75}{60} = 88,90;$$

Le rapport du travail utilisé au travail dépensé est 0,478.

TROISIÈME EXPÉRIENCE.

Temps employé par le flotteur à parcourir les 8 mètres.   20″

Hauteur de l'eau dans le canal de fuite. . . . . $0^m,31$

Charge du frein. . . . .   10 kil. 190

Nombre de tours de la roue par minute.   65

De là, on conclut que la plus grande vitesse à la surface était de $0^m,40$;

Que la vitesse moyenne égale aux 0,78 de la vitesse à la surface, était de $0^m,312$ par seconde, et le volume d'eau dépensé de 0 m. cube, 142 ou 142 litres;

Le travail dépensé $= 142 \times 1,78 = 252 ^{k\times m}, 76$;

Le travail mesuré au frein $= 10 \text{ k}, 19 \times 6, 28 \times 1,83 \times \frac{65}{60} = 126 ^{k\times m},84$;

Le rapport $\dfrac{126,84}{252,76} = 0,50.$

QUATRIÈME EXPÉRIENCE.

Temps employé par le flotteur à parcourir les 8 mètres.   22″

Hauteur de l'eau dans le canal de fuite. . . . . $0^m,30$

Charge du frein. . . . .   8 kil., 19

Nombre de tours de la roue par minute. . . . .   75.

De là, on conclut que la plus grande vitesse à la surface était de $0^m,3636$ par seconde;

Que la vitesse moyenne égale aux 0,78 de la vitesse à la surface, était de $0^m,284$ par seconde, et le volume d'eau dépensé de 0 m. cube, 125, ou 125 litres;

Le travail dépensé était donc de $125 \times 178 = 222 ^{k\times m}, 5$:

Le travail mesuré au frein $= 8,19 \times 6,28 \times 1, 83 \times \frac{75}{60} = 117 ^{k\times m}, 75$;

Le rapport $\dfrac{117,75}{222,5} = 0,53.$

Cinquième expérience.

Temps employé par le flotteur à parcourir les 8 mètres. . 18″
Hauteur de l'eau dans le canal de fuite. 0ᵐ,31
Charge du frein. . . . . 10 kil., 79
Nombre des tours de la roue par minute. 70

La plus grande vitesse à la surface était de $0^m,444$;
La vitesse moyenne égale aux 0,78 de la précédente, devait être de $0^m,346$;
Le volume d'eau dépensé par seconde de 157 litres, 67, et le travail dépensé $=$ 157,67 $\times$ 1, 78 $=$ 280 $^{kxm},65$;
Le travail mesuré au frein a été :

$$10,79 \times 1, 83 \times 6,28 \times \frac{70}{60} = 144,64 ;$$

Le rapport $\dfrac{144,64}{280,65} = 0,52.$

La roue était immergée dans toutes les expériences jusqu'au-dessus du niveau de la couronne supérieure de l'aubage.

Ces essais sont évidemment incomplets ; il aurait fallu varier le mode de jaugeage, et vérifier avec plus de soin les volumes d'eau dépensés.

On voit, du reste, que leurs résultats s'accordent aussi bien qu'on pouvait l'espérer, avec mes prévisions et avec les expériences en petit, tant pour le rapport de l'effet utile au travail moteur dépensé, que pour les vitesses angulaires de la roue, qui donnent le maximum d'effet. J'ajouterai que, dans une première série d'expériences, M. Hubert avait voulu jauger par un déversoir établi à une distance de 8 à 10 m. en aval de la roue ; en appliquant au calcul des dépenses d'eau les formules des déversoirs, on arrivait à un rapport du travail mesuré au frein, au travail moteur total de la chute qui dépassait 0,70. Dès que ces résultats me furent communiqués, je reconnus qu'ils étaient extrêmement inexacts, et que pour les levées de vanne qui avaient été mesurées avec soin, la roue devait débiter beaucoup plus d'eau qu'on ne l'avait conclu du jaugeage. En calculant la dépense d'eau, correspondante aux levées de vanne, par les formules données dans le mémoire, le rapport de l'effet utile au travail dépensé retombait à 0,50 ou 0,52, comme dans les der-

niers essais que je viens de rapporter. Les résultats du jaugeage en déversoir avaient été faussés par la vitesse que conservait l'eau à sa sortie de la roue, et par celle qui lui était imprimée par la rotation de la
machine.

La forme de la roue de Vitry conviendra dans le plus grand nombre des
applications ; mais elle ne devra pas être imitée dans tous les cas. Ainsi,
si l'on avait une chute élevée avec un très-petit volume d'eau, il est vrai-
semblable qu'elle serait mieux utilisée au moyen de la roue de Segner,
formée d'un petit nombre de tuyaux horizontaux recourbés, adaptés à
un arbre vertical, que par une roue analogue à celles qui ont été le sujet
de mes expériences. Dans la roue de Segner, imitée depuis par Manoury
d'Ectot, les vannes doivent être appliquées à l'extrémité des orifices
d'écoulement, et l'on doit donner aux tuyaux une assez grande section,
pour que la vitesse relative de l'eau y soit faible, sans quoi les frottements
absorberaient une partie considérable du travail moteur de la chute. Il
faut aussi éviter les fuites d'eau entre la roue et le collet du réservoir ;
les roues de Segner, qui n'auront à débiter qu'un petit volume d'eau ,
pourront avoir une ouverture centrale d'un petit diamètre, dont le collet
pénétrera dans l'orifice du canal qui amènera l'eau sous la roue ; une gar-
niture en cuir pourrait être disposée de manière à prévenir les fuites
d'eau sans donner lieu à un frottement trop considérable.

Des roues pourvues de tuyaux adducteurs.

§ 20. Ainsi que cela a été dit dans le § 4 , les conditions du bon établissement d'une roue pourvue de tuyaux adducteurs sont :

1° Que les angles α, β, les grandeurs des surfaces A et A_1, et des rayons
r_0 et r_1, aient la relation exprimée par l'équation générale :

$$\cot\beta = \cot\alpha + \frac{r_0}{r_1} \times \frac{A}{A_1} ;$$

2° Que les cloisons de la roue, et les cloisons fixes qui forment les parois latérales des tuyaux adducteurs soient suffisamment rapprochées,

pour que les directions de tous les filets liquides ne s'écartent qu'assez peu de celles qui sont admises dans l'équation précédente , et déterminées par les inclinaisons α et ε des cloisons placées dans le pourtour injecteur, et des cloisons de la roue.

3° Que ces cloisons soient tracées de manière à atténuer les résistances passives, provenant du passage du liquide à travers les tuyaux adducteurs qui peuvent être considérés comme des *ajutages*, et du frottement dans le parcours des tuyaux mobiles de la roue.

4° Qu'une construction soignée atténue les fuites par le jeu annulaire entre la roue et le pourtour injecteur. Quant au travail moteur transmis à la roue , son expression est , d'après le principe des forces vives, en conservant toutes les notations précédentes, et en supposant nulle la perte de force vive au passage des tuyaux adducteurs dans les tuyaux mobiles :

$$T = P\left[H - \frac{v^{2}}{2g}\left(\frac{1}{\mu^{2}} - 1\right) - \frac{(u_{\prime} - wr_{\prime})^{2}}{2g} - \frac{Ku_{\prime}^{2}}{2g} \right].$$

La vitesse $u_{\prime}$ est d'ailleurs donnée par l'équation du § 4

$$v_{\prime}^{2}(1 + K) = w^{2}r_{\prime}^{2} + 2gH - v^{2}\left(\frac{1}{\mu^{2}} - 1\right) - 2vwr_{0}\cos\varepsilon,$$

d'où l'on tire :

$$H - \frac{v^{2}}{2g}\left(\frac{1}{\mu^{2}} - 1\right) - \frac{Ku_{\prime}^{2}}{2g} = \frac{u_{\prime}^{2}}{2g} - \frac{w^{2}r_{\prime}^{2}}{2g} + \frac{2vwr_{0}\cos\varepsilon}{2g}.$$

Substituant dans la valeur de T, il vient , toute réduction faite ·

$$T = \frac{P}{g}\left[v\cos\varepsilon \times wr_{0} + wr_{\prime}(u_{\prime} - wr_{\prime}) \right].$$

Expression qu'on aurait pu déduire directement du principe de l'égalité entre la somme des moments des impressions exercées sur les canaux mobiles de la roue, par le fluide qui y circule d'un mouvement permanent , et la somme des moments des quantités de mouvement acquises en sens inverse du mouvement de rotation de la roue, par la masse liquide affluente dans l'unité de temps.

$\dfrac{P}{g} v \cos \varepsilon \times r^{\circ}$ est en effet la somme des moments projetés sur un plan perpendiculaire à l'axe de la roue, des quantités de mouvement que possèdent les particules de la masse d'eau $\dfrac{P}{g}$ affluente dans l'unité de temps, dans le sens de la rotation de la roue, à l'instant où ces particules arrivent à la roue. $\dfrac{P}{g} (u_{,} - wr_{,}) r_{,}$ est la somme des moments des quantités de mouvement que possèdent ces mêmes particules, en sens inverse de la rotation de la roue, à l'instant où elles l'abandonnent.

$\dfrac{P}{g} (v \cos \varepsilon \, r_{0} + (u_{,} - wr_{,}) \, r_{,})$ est donc la somme des moments des quantités de mouvement imprimées aux particules de la masse $\dfrac{P}{g}$, en sens inverse de la rotation de la roue, par l'action qu'ont exercée sur elles les parois des canaux mobiles. C'est donc aussi la valeur du moment de l'impression constante exercée en sens contraire sur ces canaux par les particules liquides en mouvement, et ce moment multiplié par la vitesse angulaire w, est l'expression du travail T transmis à la roue dans l'unité de temps.

§ 21. J'ai soumis à l'expérience plusieurs modèles de roues pourvues de tuyaux adducteurs. Dans toutes, les canaux mobiles pouvaient être regardés comme ayant leurs axes horizontaux, de sorte que la gravité n'influait pas sensiblement sur l'augmentation de la vitesse relative du liquide, entre les orifices d'admission et d'écoulement des canaux mobiles. Les unes recevaient l'eau par leur pourtour intérieur; les autres la recevaient par le pourtour extérieur. Voici les résultats des premières expériences.

Le premier modèle de roue essayée est représenté par les parties à droite des figures 1 et 2, Pl. I. La roue avait 5 centimètres de rayon intérieur, 7 centimètres de rayon extérieur, et 20 cloisons courbes. Celles-ci étaient des surfaces cylindriques droites ayant pour base un arc de cercle normal à la circonférence intérieure et tangent à la circonférence extérieure. Les cloisons avaient 16 millimètres de hauteur sur le pourtour intérieur, et 21 millimètres, 5 de hauteur au pourtour extérieur. 20 cloisons directrices ayant pour bases des arcs de cercle qui cou-

paient sous un angle d'un demi-droit la circonférence de 5 centimètres
de rayon, étaient fixées dans le collet du pourtour injecteur. L'épaisseur
des cloisons était à peu près d'un millimètre.

Le tableau suivant contient les résultats des expériences faites sur cette
roue.

TABLEAU (1).

NUMÉROS des expériences.	DURÉE de l'expérience en secondes.	CHARGE du frein en gramm.	NOMBRE de tours.	EAU dépensée en litres.	CHUTE en mètres.	EFFET utile en kilog. × m.	TRAVAIL dépensé en kilog. × m.	RAPPORT du travail utile au travail dépensé.	OBSERVATIONS.
1	30	441	173	280	0,840	95,87	240,24	0,399	
2	»	441	168	284	0,840	93,10	238,56	0,390	
3	»	441	170	280	0,840	94,21	235,2	0,400	
4	»	466	158	276	0,840	92,52	231,84	0,399	
5	»	466	158	276	0,840	92,52	231,84	0,399	
6	»	491	150	274	0,840	92,55	230,16	0,402	
7	»	491	151	276	0,840	93,17	231,84	0,402	
8	»	491	141	276	0,840	87,00	231,84	0,375	
9	»	491	146	276	0,840	90,08	231,84	0,389	
10	»	516	145	272	0,840	94,02	228,48	0,411	
11	»	516	142	270	0,840	92,07	226,80	0,406	
12	»	541	134	272	0,840	91,10	228,48	0,399	
13	»	541	145	276	0,840	98,58	231,84	0,425	
14	»	541	140	278	0,840	95,18	233,52	0,407	
15	»	566	132	274	0,840	93,89	230,16	0,408	
16	»	541	123	274	0,840	83,62	230,16	0,363	
17	»	591	122	274	0,840	90,61	230,16	0,394	
18	»	616	113	274	0,840	87,47	230,16	0,380	
19	»	616	107	270	0,840	82,83	226,80	0,365	
20	»	641	99	274	0,840	79,75	230,16	0,346	
21	»	666	86	266	0,840	71,97	223,44	0,322	
22	»	591	120	274	0,840	89,12	230,16	0,391	
23	»	566	124	270	0,840	88,20	226,80	0,389	
24	»	566	139	276	0,840	98,86	231,84	0,426	
25	»	566	130	274	0,840	92,46	230,16	0,401	

Suite du TABLEAU (1).

NUMÉROS des expériences.	DURÉE de l'expérience en secondes.	CHARGE du frein en gramm.	NOMBRE de tours.	EAU dépensée en litres.	CHUTE en mètres.	EFFET utile en kilog. $\times m.$	TRAVAIL dépensé en kilog. $\times m.$	RAPPORT. du travail utile au travail dépensé.	OBSERVATIONS.
26	30	566	129	274	0,840	91,75	230,16	0,399	
27	»	541	135	276	0,840	91,78	231,84	0,396	
28	»	516	142	276	0,840	92,22	231,84	0,398	
29	»	416	181	276	0,840	94,62	231,84	0,408	
30	»	391	187	290	0,840	91,88	243,60	0,377	
31	»	441	142	276	0,750	78,69	207,00	0,381	Roue noyée de 9 centimètres.
32	»	441	142	270	0,750	78,69	202,50	0,389	*Id.*
33	»	0	305	320	0,840	0	268,80	0	La roue tourne à vide.
34	»	0	304	316	0,840	0	265,44	0	*Id.*
35	»	0	311	328	0,840	0	275,52	0	*Id.*
36	»	0	278	300	0,710	0	213,00	0	Roue noyée de 13 centimètres.
37	»	441	124	258	0,710	68,72	183,18	0,375	*Id.*
38	»	Roue arrêtée.	0	260	0,840	0	218,40	0	
39	»	*Id.*	0	260	0,840	0	218,40	0	
40	»	341	187	290	0,840	80,13	243,6	0,328	
41	»	341	186	280	0,840	79,70	235,2	0,339	
42	»	291	215	290	0,840	78,62	243,6	0,323	
43	»	291	209	290	0,840	76,43	243,6	0,314	

On avait, pour ce modèle, d'après les notations adoptées :

$$A = 0^{m\,ca.},003234,$$
$$A = A_0 = 0^{m.\,ca.},004547,$$
$$A_t = 0^{m.\,ca.},003129,$$
$$\varepsilon = 45°, \quad \cot \varepsilon = 1,$$
$$\alpha = 90°, \quad \cot \alpha = 0,$$
$$r_0 = 0,05,$$
$$r_t = 0,07;$$

La relation

$$\cot \varepsilon = \cot \alpha + \frac{r_0}{r_1} \times \frac{A}{A_1},$$

se réduisait donc à

$$1 = \frac{5}{7} \times \frac{0{,}004547}{0{,}003129}.$$

On voit qu'elle n'est pas exactement satisfaite : car le second membre de l'équation est égal à $\dfrac{22735}{21903}$: toutefois l'écart est fort petit, et ne dépasse pas les inexactitudes inévitables dans les constructions pratiques. On peut donc admettre que ce modèle satisfaisait à la première condition à laquelle sont assujetties les roues de ce genre. Cependant le résultat a été fort peu satisfaisant, puisque l'effet utile n'a guère dépassé, dans les cas les plus favorables, 40 p. 100 du travail total de la chute.

D'un autre côté, si l'on calcule les vitesses u_1 correspondantes aux diverses expériences, en divisant les dépenses par seconde observées, par $A_1 = 0{,}003129$, et les vitesses wr_1 des orifices d'écoulement des canaux mobiles, on trouve que, même dans les expériences 29 et 30, où les charges de la roue étaient visiblement inférieures à celles qui donnaient le travail utile maximum, la vitesse u_1 calculée, comme nous l'avons dit, a été notablement supérieure à wr_1.

Ainsi, dans l'expérience 29, on a

$$u_1 = 2^m{,}9402, \qquad wr_1 = 2^m{,}65,$$

et dans l'expérience 30,

$$u_1 = 3^m{,}089, \qquad wr_1 = 2^m{,}74.$$

Il résulte de là, qu'en négligeant les fuites d'eau par le jeu annulaire entre la roue et le pourtour injecteur, le maximum d'effet utile est obtenu dans des expériences où l'eau conserve à sa sortie des tuyaux adducteurs, une vitesse assez considérable en sens inverse du mouvement de rotation de la roue, et où, par conséquent, la vitesse relative de l'eau affluente est inclinée en dedans sur les cloisons mobiles. Les fuites d'eau qu'il n'est pas possible de défalquer de la dépense observée, peuvent modifier un peu le premier résultat; mais elles étaient certainement trop petites pour le faire disparaître entièrement; car le modèle était construit et ajusté avec toute la précision possible. Au reste, l'expérience confirme en cela, la prévision énoncée dans le § 4, savoir que la vitesse de la roue correspondante à l'effet utile maximum mesuré au frein, doit être inférieure à celle pour laquelle l'eau entre sans choc, et sort sans vitesse.

Si l'on calcule le travail transmis à la roue par la formule

$$T = \frac{P}{g} \left[v \cos 6\, wr_0 + (u_{,} - wr_{,})\, wr_{,} \right],$$

en partant des dépenses et des vitesses observées, on le trouve toujours très-supérieur au travail mesuré au frein. Ainsi, dans l'expérience 10, l'une des plus avantageuses sous le rapport de l'effet utile, le travail calculé serait de $4^{kxm},2985$ par seconde; le travail mesuré au frein est seulement de $3^{kxm},134$. La différence est de plus du quart du travail calculé. Cette proportion est beaucoup plus considérable que celle que nous avons trouvée pour les roues dépourvues de tuyaux adducteurs, et cependant, dans celles-ci, la fuite d'eau par le jeu annulaire devait être plus forte que dans notre dernier modèle, parce que l'excès de la pression intérieure sur la pression extérieure y était certainement plus considérable. Je pense donc que cette différence doit être attribuée surtout à ce que les cloisons mobiles sont trop peu nombreuses trop écartées l'une de l'autre, ce qui fait que les vitesses relatives d'écoulement des filets liquides ne sont pas dirigées tangentiellement à la circonférence de la roue. C'est aussi à cette cause que j'attribue, pour la plus grande partie, le peu d'effet utile qui a été obtenu avec ce modèle.

§ 22. Je passe, pour abréger, sur plusieurs autres expériences qui sont consignées dans le mémoire que j'ai lu à l'Académie des sciences, le 2 mars 1840, pour arriver tout de suite au modèle qui m'a donné les meilleurs résultats. Il est représenté par les parties à gauche des fig. 1 et 2, Pl. I.

La roue a toujours 5 centimètres de rayon intérieur et 7 centimètres de rayon extérieur. Les profils des cloisons, au nombre de 30, sont encore normaux à la circonférence intérieure et tangents à la circonférence extérieure. Les hauteurs de ces cloisons sont de 16,5 millimètres sur le pourtour intérieur, et de 22 millimètres sur le pourtour extérieur de la roue. 20 cloisons fixées au collet du pourtour injecteur viennent rencontrer la circonférence de 5 centim. de rayon, sous un angle de 30 degrés sexagésimaux avec la tangente. Les cloisons directrices et les cloisons mobiles de la roue sont des feuilles de cuivre d'un millimètre d'épaisseur.

Il résulte des dimensions données ci-dessus, que la longueur de la normale abaissée de l'extrémité d'une cloison sur la cloison suivante, est de $3^{mill.},2$, et en conséquence l'on a :

$$r_0 = 0^m,05,$$
$$r_1 = 0^m,07,$$
$$6 = 30^d,$$
$$\alpha = 90^d,$$
$$A = (2\pi r_0 \sin 30^\circ - 0,02)16,5 = 2261^{millim\ car.},$$
$$A = A_0 = (2\pi r_0 - 30 \times 0,001)16,5 = 4547^{millim.\ car.},$$
$$A_1 = 30 \times 22 \times 3,2 = 2112^{millim.\ car.}.$$

Une première série d'expériences fut faite sur ce modèle, dans l'atelier où il avait été construit, par M. Messmer, directeur des constructions, et M. Laquiante, capitaine du génie à Strasbourg. Les résultats sont contenus dans le tableau suivant :

TABLEAU (2).

Expériences faites à Graffenstaden , le 17 décembre 1839.

NUMÉROS des essais.	CHARGE du frein en grammes.	NOMBRE de tours de la roue en 30 secondes.	EAU dépensée en 30 secondes.	HAUTEUR de chute.	TRAVAIL transmis en kilogr. à un mètre.	TRAVAIL dépensé kil.×m.	RAPPORT de l'effet utile au travail dépensé.
1	441	148	182	0,81	81,992	147,42	0,556
2	441	134	200	0,81	74,236	162	0,458
3	441	116	182	0,81	64,264	147,42	0,436
4	341	199	186	0,81	85,271	150,66	0,566
5	341	180	186	0,81	77,130	150,66	0,512
6	441	139	190	0,81	77,006	153,90	0,500
7	441	139	195	0,81	77,006	157,95	0,487
8	341	179	204	0,81	70,805	165,24	0,429
9	341	182	186	0,81	77,987	150,66	0,517
10	341	177	186	0,81	75,84	150,66	0,503
11	241	232	190	0,81	70,250	153,90	0,456
12	241	240	190	0,81	72,672	153,90	0, 472
13	291	206	190	0,81	75,334	153.90	0,489
14	491	119	190	0,81	73,422	153,90	0,477
15	0	359	212	0,81	0	171,72	0
16	0	356	258	0,81	0	208,98	0
17	0	352	242	0,81	0	196,02	0

Deux autres séries d'expériences ont été faites par moi-même, l'une dans les caves des bassins de la rue Racine , l'autre à ma campagne , en empruntant l'eau motrice à la rivière voisine.

Voici les résultats de ces deux séries:

TABLEAU (3).

Expériences faites dans les caves des bassins Racine, le 11 février 1840, avec le modèle tel qu'il est venu de Graffenstaden.

NUMÉROS des essais.	CHARGE du frein en gramm.	NOMBRE de tours de la roue en 60 secondes.	EAU DÉPENSÉE.		HAUTEUR de chute.	TRAVAIL mesuré au frein.	TRAVAIL dépensé.	RAPPORT.	OBSERVATIONS.
			centimètres de l'échelle.	litres.					
1	191	221	$27\frac{1}{4}$	268,93	m. 0,40	53,0445	107,57	0,493	
2	191	223	$27\frac{1}{4}$	268,93	0,40	53,52	107,57	0,498	
3	241	164	$26\frac{1}{4}$	264,40	0,40	49 667	105,76	0,469	
4	141	287	28	275,72	0,40	50,852	110,29	0,461	
5	141	290	28	275,72	0,40	51,385	110,29	0,465	
6	191	225	$27\frac{1}{2}$	271,19	0,40	54,004	108,48	0,498	
7	241	174	$26\frac{1}{4}$	264,40	0,40	52,695	105,76	0,498	
8	241	169	$26\frac{1}{4}$	264,40	0,40	51,182	105,76	0,484	
9	141	216	25	248,54	0,308	38,27	76,55	0,50	Roue noyée de 7.2 c. au-dessus de la surface du disque supérieur.
10	141	215	25	248,54	0,308	38,09	76,55	0,497	
11	Roue arrêtée	0	24	238,11	0,308	0	73,34	0	Roue noyée.
12	Id.	0	$27\frac{1}{2}$	267,79	0,40	0	107,12	0	Roue non noyée.
13	Frein enlevé, roue libre.	521	$34\frac{1}{4}$	330,40	0,40	0	132,16	0	Roue non noyée.

TABLEAU (4).

Expériences faites à Guiserray, le 21 mai 1840, sur le même modèle.

NUMÉROS des essais.	CHARGE du frein en grammes.	NOMBRE de tours de la roue par minute.	HAUTEUR de la chute en mètres jusqu'au bas de la roue.	HAUTEUR de la chute jusqu'au milieu des orifices d'écoulement.	EAU dépensée en litres.	RAPPORT de l'effet utile au travail dépensé.	OBSERVATIONS.
1	241	218	0,476	0,465	272	0,521	
2	491	0	0,481	0,470	262	0	
3	341	88	0,466	0,455	257	0,323	
4	241	201	0,466	0,455	267	0.501	
5	241	207	0,466	0,455	262	0,526	
6	216	231	0,466	0,455	282	0,489	
7	216	246	0,466	0,455	267	0,550	
8	191	269	0,466	0,455	282	0,503	
9	191	286	0,471	0,460	277	0.538	
10	191	287	0,471	0,560	282	0,531	
11	166	318	0,471	0,460	277	0,521	
12	166	309	0,475	0,464	282	0,493	
13	166	326	0,475	0,462	282	0,522	
14	141	364	0,471	0,460	292	0,480	
15	141	355	0,476	0,465	292	0,463	
16	116	385	0,471	0,460	297	0,411	
17	116	386	0,471	0,460	297	0,411	
18	91	423	0,465	0,455	307	0,346	
19	141	256	0,378	La roue est entièrement noyée.	247	0,491	
20	141	260	0,378	*Id.*	242	0,503	
21	166	235	0,378	*Id.*	252	0,515	
22	191	204	0,380	*Id.*	252	0,511	
23	0	450	0,371	*Id.*	292	0	
24	0	414	0,366	*Id.*	267	0	
25	0	550	0,483	0,472	338	0	

La relation $\cot \alpha = \cot \varepsilon + \dfrac{r_o}{r_i} \times \dfrac{A}{A_i}$ n'est pas exactement remplie dans ce modèle ; car le logarithme de $\dfrac{r_o}{r_i} \times \dfrac{A}{A_i} = \dfrac{5}{7} \times \dfrac{4547}{2112}$, est égal à 0,18690, et ce logarithme correspond à la cotangente d'un angle de 33° 2', tandis que l'angle formé par les directrices avec la circonférence est seulement de 30°. L'écart est cependant assez petit pour qu'on doive admettre qu'il n'a pas une grande influence sur les résultats obtenus.

Dans les expériences 9 et 10 du tableau (4) qui donnent le plus grand effet utile de la roue tournant dans l'air, si l'on excepte l'expérience 7, qui paraît anomale et entachée d'erreur, la vitesse relative u_i, conclue des dépenses observées, est moyennement égale à $\dfrac{0,00466}{0,002112} = 2^m,206$ par seconde.

La vitesse wr_i de la roue, à la circonférence extérieure, est de $2^m,099$.

La vitesse absolue de l'eau sortante $u_i, - wr_i$, est donc égale seulement à $0^m,107$.

La vitesse v de l'eau, à la sortie des tuyaux adducteurs, obtenue en divisant la dépense $0^{m.\,cub.}\,00466$ par $A \sin 30 = \dfrac{1}{2} \times 0,004547$, est de $2^m,0456$.

La composante de cette vitesse, dans le sens de la tangente à la circonférence de rayon r^o est $2,0456 \cos 30° = 1^m,771$.

La vitesse wr_o est $1^m,4993$.

Donc $v \cos \varepsilon - wr_o = 0^m,2717$.

C'est la vitesse avec laquelle le liquide affluent vient choquer les cloisons mobiles. Elle est assez faible pour ne pas diminuer notablement le travail transmis à la roue ; car la hauteur due à cette vitesse est seulement de $0^m,0038$, et tout à fait insignifiante, en comparaison de la hauteur totale de la chute.

Le travail calculé d'après la formule

$$T = \frac{P}{g}\,[vwr_o \cos \varepsilon + (u_i - wr_i)\,wr_i],$$

en partant des données de l'observation est :

$$T = \frac{4,66}{9,8088}\,(2,0456 \times 1,4993 \cos 30° + 0,107 \times 2,099) = 1^{kxm},368,$$

le travail mesuré au frein est seulement $1^{kxm},145$, c'est-à-dire les $\frac{837}{1000}$ du travail calculé.

Dans l'expérience 11, on a :

$$u_{,} = \frac{0,004616}{0,002112} = 2^{m},1856,$$

$$wr_{,} = 2^{m},3316.$$

$$u_{,} - wr_{,} = -0^{m},1460 ;$$

la vitesse absolue du liquide est en sens inverse du mouvement de la roue.

$$v \cos \varepsilon = \frac{0,004616}{0,002278} \cos 30° = 1^{m},775,$$

$$wr_{o} = 1^{m},665,$$

$$T = \frac{4,616}{9,8088}\,\{1,665 \times 1,775 - 0,1460 \times 2,3316\} = 1^{kxm},231,$$

le travail mesuré au frein est $1^{kxm},105$, c'est-à-dire, les $\frac{897}{1000}$ du travail calculé.

Les différences sont, comme on le voit beaucoup moindres, que pour le premier modèle où le nombre des cloisons était de 20 seulement. Cela tient sans aucun doute, à ce que la multiplicité des cloisons assure mieux la direction de la vitesse relative du liquide sortant. Les différences qui subsistent encore ont leurs causes dans les fuites d'eau par le jeu annulaire, et probablement aussi dans ce que les cloisons fixes ou directrices ne déterminent pas complétement la direction des vitesses des filets liquides à leur sortie du pourtour injecteur.

La discussion des séries d'expériences contenues dans les tableaux (2) et (3) conduit à des résultats analogues à ceux que je viens d'exposer. Je me borne à remarquer que les circonstances du mouvement de la roue placée sous diverses chutes, ainsi que le rapport de l'effet utile au travail total, sont conformes, sauf les écarts que l'on rencontre toujours dans l'expérience, et qui tiennent à des causes accidentelles qu'il est presque impossible d'éviter, aux principes généraux que j'ai établis dans le § 16.

Les dépenses d'eau, dans notre dernier modèle, sont données, en négligeant l'influence de l'obliquité de la vitesse relative du liquide entrant sur les plans tangents à l'origine des cloisons mobiles, par l'équation

$$u_{,}^{2}(1+\mathrm{K}) = w^{2}r_{,}^{2} + 2g\mathrm{H} - v^{2}\left(\frac{1}{\mu^{2}} - 1\right) - 2vwr_{0}\cos\epsilon,$$

dans laquelle il faut remplacer v par $\dfrac{\mathrm{A}_{,}u_{,}}{\mathrm{A}}$.

On a ainsi, pour déterminer $u_{,}$, l'équation complète du second degré :

$$u_{,}^{2}\left[1+\mathrm{K}+\frac{\mathrm{A}_{\ell}^{2}}{\mathrm{A}^{2}}\left(\frac{1}{\mu^{2}}-1\right)\right] + 2\frac{\mathrm{A}_{,}}{\mathrm{A}}\,wr_{0}\cos\epsilon\,u_{,} = w^{2}r_{,}^{2} + 2g\mathrm{H},$$

d'où

$$u_{,} = \frac{-\dfrac{\mathrm{A}_{,}}{\mathrm{A}}\,wr_{0}\cos\epsilon + \sqrt{(2g\mathrm{H}+w^{2}r_{,}^{2})\left[1+\mathrm{K}+\dfrac{\mathrm{A}_{\ell}^{2}}{\mathrm{A}^{2}}\left(\dfrac{1}{\mu^{2}}-1\right)\right]+\dfrac{\mathrm{A}_{,}^{2}}{\mathrm{A}^{2}}\,w^{2}r_{0}^{2}\cos^{2}\epsilon}}{1+\mathrm{K}+\dfrac{\mathrm{A}_{,}^{2}}{\mathrm{A}^{2}}\left(\dfrac{1}{\mu^{2}}-1\right)}. \qquad (\mathrm{X})$$

En calculant la longueur développée de l'une des cloisons courbes, on trouve que cette longueur est de 32 $^{\text{milli.}}$,63.

Calculant ensuite la valeur approximative du coefficient K par la méthode que nous avons suivie, pour les roues dépourvues de tuyaux adducteurs § 10, on trouve $\mathrm{K} = 0,0872$ environ.

On peut, en adoptant cette valeur de K, déterminer la valeur qu'il faut attribuer au coefficient μ, pour que la valeur de $u_{,}$ donnée par l'équation (X), coïncide avec celle que fournit l'expérience, dans le cas où la vitesse relative du liquide entrant est à peu près tangente aux cloisons courbes.

Je porte donc dans l'équation (X) les valeurs numériques de A, A,, cos ε, j'y remplace K par 0,0872. Je substitue en même temps à $u_{,}$, v,

wr_o, wr_i et H les valeurs numériques de l'expérience 11 du tableau (4), dans laquelle la différence $v \cos 6 - wr_o$ est très-petite ; j'ai ainsi une équation de laquelle je tire :

$$\frac{1}{\mu^2} - 1 = 0,494,$$

et

$$\mu = \frac{1}{\sqrt{1,494}} = 0,82.$$

Les valeurs précédentes de μ et de K étant portées dans l'équation qui fournit les valeurs de u_i, ainsi que les valeurs numériques de A_i, A et $\cos 6$, celle-ci devient :

$$u_i = \frac{-0,8089 wr_o + \sqrt{(19,62\mathrm{H} + w'r_i^2)\,1,5182 + 0,6544 w'r_o^2}}{1,5182}.$$

En appliquant cette formule aux expérieuces 5 et 9 du tableau (2) qui sont bien d'accord entre elles, le calcul donne $u_i = 3^m,005$.

La vitesse u_i conclue de l'expérience directe en divisant la dépense qui était de $6^{lit},067$, par seconde ou $0^{m.\ cub.},006067$, par l'aire $A_i = 0^{m.\ car.},002112$, est $2^m,85$, plus faible que la vitesse calculée de $\frac{1}{20}$. Cet écart n'a pas lieu de surprendre, car il ne dépasse guère les écarts accidentels que donnent dans la pratique les formules d'hydraulique usuelles. Si l'on considère la forme des canaux mobiles, la valeur que nous avons prise pour K paraîtra plutôt pécher par excès que par défaut, ce qui conduit à penser que le coefficient réel de réduction de la vitesse théorique, au passage des tuyaux adducteurs, serait un peu inférieur à 0,82.

Cela nous semble d'ailleurs d'accord avec la forme des tuyaux adducteurs, qui, par suite du tracé des cloisons directrices qui viennent couper sous un angle de 3o degrés la surface cylindrique du pourtour injecteur, sont plutôt analogues à des *ajutages divergents* qu'à des *ajutages cylindriques*, pour lesquels le coefficient 0,82 serait déjà un peu trop fort.

Je remarque que si l'eau éprouve réellement, en passant par les tuyaux adducteurs, des résistances passives qui diminuent la vitesse théorique dans le rapport de 1 à $\frac{82}{100}$ environ, il en résulte une perte de chute égale à

$$\left(\frac{1}{0,6724} - 1\right) \frac{v'}{2g} = 0,4872 \, \frac{v'}{2g}.$$

Or, la vitesse v obtenue en divisant la dépense observée dans les expériences que nous discutons par l'aire $\mathbf{A}$, est de $2^m,68$. La hauteur génératrice de cette vitesse est de $0^m,366$. Or, $0,4872 \times 0,366 = 0^m,1783$, ce qui est les $\frac{16}{100}$ de la chute totale $0^m,81$.

En définitive, si la roue pourvue de tuyaux adducteurs que nous avons essayée en dernier lieu n'a pas un avantage plus marqué sur la roue dépourvue de tuyaux adducteurs à laquelle se rapportent les expériences du tableau D, § 11, cela nous paraît tenir surtout à ce que les résistances, dues au frottement de l'eau dans les canaux mobiles, plus fortes dans cette dernière roue, sont en partie compensées par les résistances dues à la forme des tuyaux adducteurs dans l'autre.

§ 23. Je suis persuadé qu'il est facile d'obtenir des roues pourvues de tuyaux adducteurs un effet utile supérieur à celui que m'a fourni mon dernier modèle. Si mes occupations me l'eussent permis, j'aurais essayé le tracé suivant. Les cloisons de la roue étant toujours normales à la circonférence intérieure et tangentes à la circonférence extérieure, je leur aurais donné une hauteur uniforme dans toute leur étendue. Leur nombre demeurant fixé à 30, le rapport $\frac{\mathbf{A}}{\mathbf{A}_i}$ aurait été égal à

$$\frac{4547}{30 \times 16,5 \times 3,2} = \frac{4547}{1584} = 2,807.$$

J'aurais toujours eu $\cot \alpha = 0,$
et j'aurais déterminé l'inclinaison θ des tuyaux adducteurs sur les tangentes, par l'équation

$$\cot \theta = \frac{5}{7} \times 2,807,$$

d'où $\theta = 26°5'$ soit $26°.$

On aurait ainsi des canaux d'une forme plus régulière, et les tuyaux formés par les cloisons directrices prennent une forme qui s'écarte plus de celle des *ajutages* divergents, à mesure que ces cloisons sont plus couchées sur la circonférence. Peut-être même y aurait-il avantage à diminuer encore l'aire A_1, ce à quoi l'on arriverait en augmentant simplement le nombre des cloisons de la roue, ou en prolongeant ces cloisons par un petit arc de la circonférence extérieure, et à diminuer en conséquence l'angle ε, de manière que la relation $\cot \varepsilon = \frac{5}{7} \frac{A}{A_1}$ fût toujours satisfaite. L'expérience fera voir si ces aperçus sont justes.

§ 24. Je terminerai par quelques mots sur le genre de vanne qui doit être adaptée aux roues pourvues de tuyaux adducteurs ; il est évident que pour les roues, telles que je les conçois, une vanne placée entre le pourtour injecteur et la roue, comme celle que M. Fourneyron adapte à ses turbines, et qui permet de diminuer à volonté la hauteur du pourtour injecteur, sans modifier en même temps, de la même manière, la hauteur de la roue dans le sens de l'axe, ne remplirait pas les conditions désirables : car les tuyaux de la roue cesseraient d'être remplis par l'eau motrice quand la vanne ne serait pas entièrement ouverte, et la machine ne serait plus une roue à tuyaux. Ici, comme pour les roues dépourvues de tuyaux adducteurs, la vanne doit être nécessairement fixée à la roue, de manière à diminuer à la fois la hauteur des cloisons mobiles, dans toute leur étendue. L'existence des cloisons directrices fixes complique seulement l'exécution ; mais je ne pense pas qu'il faille s'arrêter devant cette difficulté.

On peut en effet adapter à la roue une vanne analogue à celle qui est représentée Pl. III, fig. 2. Le système des cloisons directrices serait lié à cette vanne, de manière à participer à tous ses mouvements dans le sens vertical et parallèle à l'axe de la roue, sans participer à son mouvement de rotation. Le mode de liaison serait analogue à celui du fourreau tournant ff', et du fourreau fixe FF de la roue de Vitry, représentée Pl. II et III.

Personne, à ma connaissance, n'avait exécuté avant moi des roues munies de vannes du genre de celles que j'ai appliquées à la roue de Vitry, et que j'avais indiquées dans mon premier mémoire sur les roues à réaction, présenté à l'Académie des sciences le 23 juillet 1838. La seule indication que j'aie trouvé à ce sujet est contenue dans un mémoire manuscrit de M. Burdin adressé à la société d'encouragement en 1827, et qui a valu à l'auteur un prix de 2,000 fr. de la société. M. Burdin, qui considérait aussi les espaces compris entre les cloisons des turbines comme devant être toujours entièrement remplis par le fluide moteur, mais qui n'avait pas signalé la différence existante entre les pressions du fluide sortant des tuyaux *adducteurs* et du milieu ambiant, indique dans ce mémoire une vanne formée d'un anneau en cuir flexible, interposé entre les couronnes de la roue, à peu près comme la vanne de la roue de Vitry. Il pense que l'eau qui circule dans la roue soulèvera elle-même cet anneau en cuir, de manière à ce que les orifices d'écoulement prennent la hauteur convenable.

Je dois dire aussi que j'ai essayé d'éviter une construction qui paraissait trop compliquée à beaucoup de personnes, en employant comme vanne un simple anneau cylindrique placé extérieurement à la roue, et que l'on soulevait à volonté, de manière à masquer en partie les orifices d'écoulement des canaux mobiles. Les essais que j'ai faits avec des modèles munis d'une vanne de ce genre ont donné de mauvais résultats, qui m'ont fait renoncer définitivement à son usage.

J'ai fait encore quelques expériences sur des modèles de roues pourvues de tuyaux adducteurs, et recevant l'eau motrice par leur pourtour extérieur. Je me propose de les publier, lorsque j'aurai plus de loisir. Au surplus, les roues prenant l'eau à l'extérieur peuvent difficilement être disposées de manière à ce que la pression de l'eau motrice, en dessous de la roue, soutienne celle-ci, et l'empêche de peser sur le pivot qui la supporte, circonstance que je regarde comme favorable à la conservation de la machine. Elles me paraissent, pour d'autres motifs encore, d'un emploi moins avantageux que celles dont je me suis occupé dans cet ouvrage.

NOTES.

NOTE A.

Sur le mouvement relatif de l'eau dans un tuyau mobile autour d'un axe vertical, et sur le travail transmis à ce tuyau, en ayant égard au frottement de l'eau contre les parois.

Soit un tuyau ABCD, fig. 7, Pl. I, ouvert à ses deux extrémités, et tournant avec une vitesse angulaire w, autour d'un axe vertical projeté en O, dans le sens xy, tandis que de l'eau circule dans le tuyau, dans le sens $x'y'$.

Le principe des forces vives, appliqué au mouvement relatif de la tranche liquide infiniment mince mn, normale à l'axe du canal, fournit l'équation suivante :

En désignant par α l'aire de la section mn,

Par σ, la distance de cette section à une section fixe, telle que AB, mesurée suivant l'axe du canal,

Par $d\sigma$, l'épaisseur infiniment petite de la tranche considérée ;

Par ψ, sa vitesse relative à la fin du temps t ;

Par φ, la pression du liquide sur la base antérieure de la tranche mn exprimée en hauteur d'eau ;

Par $\varkappa$, le périmètre de la section dont l'aire est α, de sorte que $\varkappa d\sigma$ soit le *périmètre mouillé* de la tranche ;

Par ε, l'angle $E\alpha T$ compris entre la perpendiculaire $E\alpha$ au rayon vecteur $O\alpha$, et la tangente au point α à l'axe du canal :

Par ρ, le rayon vecteur $O\alpha$;

Par ξ, la distance du centre de gravité de la tranche à un plan horizontal fixe, supérieur à cette tranche, à la fin du temps t ;

Par g, la gravité ;

Par ϖ, le poids spécifique de l'eau ;

Par B, le coefficient numérique du frottement de l'eau, de sorte que l'action des parois du canal sur la tranche mobile soit exprimée par $\dfrac{\varpi}{g} B \varkappa d\sigma \times \psi^2$. (Nous supposons cette résistance simplement proportionnelle au carré de la vitesse relative, et au périmètre mouillé, ce qui est permis pour des valeurs assez grandes de la vitesse. B est alors égal à peu près à o,oo36.)

Par dt, l'élément du temps ;

$$\frac{\varpi}{g} \alpha d\sigma . d\frac{\psi^2}{2} = - \varpi \alpha d\varphi \psi dt + \varpi \alpha d\sigma d\xi - \varpi \frac{B}{g} \varkappa d\sigma \psi^2 \times \psi dt$$
$$+ \frac{\varpi}{g} \alpha d\sigma w^2 {}_\mu d\rho - \frac{\varpi}{g} \alpha d\sigma \rho \frac{dw}{dt} \cos \epsilon \psi dt ,$$

équation dans laquelle les différentielles $d.\psi^2$, $d\xi$, $d\rho$ se rapportent à la variable t, tandis que $d\varphi$ se rapporte à la variable σ.

Si l'on pose $\psi dt = d\sigma$, ce qui exprime que l'on prend, pour l'épaisseur infiniment petite de la tranche considérée, la quantité dont cette tranche avance dans le canal, pendant l'instant dt, tous les termes de l'équation précédente deviennent divisibles par $\varpi \alpha d\sigma = \varpi \alpha \psi dt$, et en supprimant ce facteur, il vient :

$$\frac{1}{2g} d\psi^2 = - d\varphi + d\xi - \frac{B}{g} \frac{\varkappa}{\alpha} \psi^2 d\sigma + \frac{w^2 {}_\mu d\rho}{g} - \frac{\rho}{g} \frac{dw}{dt} \cos \epsilon d\sigma . \qquad (1)$$

Ici la différentielle $d\psi^2$ est toujours prise par rapport à la variable t ; mais à cause de la relation $d\sigma = \psi dt$, $d\xi$, $d\rho$, sont des différentielles prises par rapport à la variable σ, aussi bien que $d\varphi$.

Si l'on suppose le mouvement de rotation du tube autour de l'axe uniforme, et si en même temps on admet que le mouvement relatif du liquide, dans le canal, est arrivé à l'état *permanent*, la première condition sera exprimée en posant dans l'équation $\frac{dw}{dt} = \mathrm{o}$, ce qui fait évanouir son dernier terme : quant à la seconde condition, réunie à la condition $d\sigma = \psi dt$, elle implique que la vitesse ψ d'une tranche varie pendant l'instant dt, de façon à devenir égale à la vitesse que possède, au commencement de ce même instant, la tranche consécutive dans le canal, de sorte que la différentielle $d.\psi^2$ prise par rapport au temps, est précisément égale à la différentielle $d.\psi^2$, prise par rapport à σ, le temps étant considéré comme constant.

Ainsi donc les deux hypothèses, l'uniformité de la vitesse w, et la *permanence* du moment relatif seront exprimées, en posant $\frac{dw}{dt} = \mathrm{o}$ dans l'équation (1), et en regardant toutes les différentielles de cette équation comme relatives à la seule variable indépendante σ. Cette équation devient alors :

$$\frac{1}{2g} d.\psi^2 = -d\varphi + d\xi - \frac{B}{g} \frac{\varkappa}{\alpha} \psi^2 d\sigma + \frac{w^2_\rho d\rho}{g}, \qquad (A)$$

et est une équation différentielle simple.

L'incompressibilité à peu près complète de l'eau exige que le produit $\alpha\psi$ de l'aire α par la vitesse ψ soit constant pour tous les points du tuyau. On a donc $\alpha\psi = a_\iota u_\iota$, en désignant par a_ι l'aire de l'orifice d'écoulement CD, et par u_ι la vitesse d'écoulement. Ainsi $\psi^2 = \frac{a_\iota^2 u_\iota^2}{\alpha^2}$.

Portant cette valeur ψ^2 dans l'équation (A), celle-ci peut être intégrée depuis $\sigma = \mathrm{o}$ jusqu'à $\sigma = S$, longueur totale développée de l'axe du canal, et l'on a :

$$\frac{u_\iota^2 - u_o^2}{2g} = p_o - p_\iota + H - \frac{B}{g} a_\iota^2 u_\iota^2 \int_0^S \frac{\varkappa}{\alpha^3} d\sigma + \frac{w^2 (r_\iota^2 - r_o^2)}{2g}, \qquad (B)$$

en désignant par u_o, u_ι ; p_o, p_ι ; r_o, r_ι, les groupes de valeurs respectives de ψ, φ et ρ correspondantes aux limites de l'intégration, c'est-à-dire à l'origine AB et à l'extrémité CD du tuyau, et par H la distance verticale du point a au point b, comptée positivement de haut en bas.

Il serait facile de déterminer les conditions nécessaires pour que l'établissement d'une vitesse *permanente* du liquide soit possible. Elle sera possible, quand l'orifice d'écoulement a_1 sera plus petit que l'orifice d'entrée a_0 du canal mobile. On peut même voir qu'eu égard au frottement, le mouvement permanent pourra s'établir dans le cas où a_1 serait égal à a_0, et même viendrait à le surpasser entre certaines limites.

L'équation (B) fait connaître la vitesse u_1, dans le cas où le canal demeure toujours entièrement plein d'eau, qui afflue par l'extrémité a, en même temps qu'elle s'écoule par l'extrémité b, le liquide arrivant étant supposé ne pas choquer le liquide déjà contenu dans le tuyau, ce qui exige qu'il soit animé d'une vitesse absolue, égale à la résultante de la vitesse relative u_0, et de la vitesse de rotation de l'origine du canal wr_0.

Voyons maintenant quelle est l'expression du travail moteur transmis aux parois du canal mobile, par l'eau qui y circule, dans le cas du mouvement permanent de celle-ci.

La vitesse absolue de la tranche mn, dans l'instant dt est la résultante de la vitesse ψ dirigée suivant l'axe du tuyau, et de la vitesse $w\rho$ dirigée suivant la perpendiculaire αE au rayon vecteur horizontal $O\alpha$. En désignant par ε l'angle compris entre ces deux directions, le carré de la vitesse absolue sera :

$$\psi^2 + w^2\rho^2 + 2\psi w\rho \cos \varepsilon.$$

Le demi-accroissement de la force vive de la tranche pendant l'instant dt, est en conséquence :

$$\frac{\varpi a d\sigma}{2g} \left(d.\psi^2 + 2w^2\rho d\rho + d\, 2\psi w\rho \cos\varepsilon \right).$$

Cet accroissement doit être égal à la somme algébrique des quantités de travail élémentaire développées par toutes les forces qui agissent sur la tranche considérée, y compris celles qui proviennent de l'action des parois du canal sur cette tranche.

Le travail dû aux pressions des tranches contiguës en avant et en arrière est ici exprimé, comme dans le mouvement relatif, par $\varpi \alpha d\varphi \psi dt$, puisque ces pressions sont des réactions moléculaires qui donnent lieu aux mêmes quantités de travail, soit que l'on considère le mouvement relatif ou le mouvement absolu.

Le travail dû à la gravité est aussi $\varpi \alpha d\sigma d\xi$, puisque le déplacement de la tranche dans le sens vertical est le même dans le déplacement absolu que dans le déplacement relatif, à cause que l'axe de rotation est supposé vertical.

Reste le travail dû à l'action des parois du tuyau sur le contour de la tranche. Or cette action se compose des actions dirigées en sens inverse du mouvement relatif de la tranche, lesquelles constituent la cause du frottement, et des pressions normales au contour de cette même tranche.

Les actions tangentielles se réduisent à une force qui mesure l'intensité du frottement, et que nous avons déjà exprimée par $\dfrac{B}{g} \varkappa d\sigma \psi^2$, laquelle est dirigée suivant la partie $\alpha T'$ de la tangente TT' à l'axe du tuyau au point α. Le travail élémentaire dû à cette force, quand on considère le mouvement absolu, s'obtient en la multipliant par la projection sur sa direction du déplacement absolu de la tranche, pendant l'instant dt. Or, le déplacement absolu est la résultante du déplacement relatif de la tranche, suivant la partie αT de la tangente, et du déplacement $w\rho dt$ de la portion du tuyau occupée par la tranche. La première composante étant dirigée en sens inverse de la force αT, donne lieu au travail $-\dfrac{B}{g} \varkappa d\sigma \psi^2 \times \psi dt$ (c'est le terme que nous avons eu dans l'équation du mouvement relatif). La deuxième composante donne lieu au travail élémentaire $-\dfrac{B}{g} \varkappa d\sigma \psi^2 w\rho \cos\varepsilon\, dt$, puisque l'angle $E\alpha T'$ compris entre sa direction et celle de la force est le supplément de l'angle $E\alpha T$ que j'ai désigné par ε.

Les actions normales des parois sur le contour de la tranche mn peuvent être considérées comme réduites à une force unique proportionnelle à la masse de la tranche dont il s'agit, appliquée au point α, et contenue dans le plan normal à l'axe du tuyau en ce point. Si donc on désigne par m un certain nombre fini, on pourra considérer cette force comme étant exprimée par $\dfrac{m\varpi \alpha d\sigma}{g}$; si de plus on désigne par ε l'angle compris entre la direction de cette force et celle de la vitesse w_ρ, le travail moteur élémentaire de cette force appliqué à la tranche se réduira au produit de la force $\dfrac{m \varpi \alpha d\sigma}{g}$ par la composante $w_\rho dt$ et par $\cos \varepsilon$, puisque la seconde composante de la vitesse absolue de la tranche est normale à la direction de la force.

L'équation du mouvement absolu de la tranche considérée sera donc, en remplaçant l'action du canal par les forces qui lui sont équivalentes :

$$\frac{\varpi \alpha d\sigma}{2g} d. [\psi^2 + w^2\rho^2 + 2\psi w_\rho \cos \theta] = - \varpi \alpha d\varphi \psi dt + \varpi \varkappa d\sigma d\xi - \frac{\varpi B}{g} \varkappa d\sigma \psi'$$

$$\times \psi dt - \varpi \frac{B}{g} \varkappa d\sigma \psi^2 \times w_\rho dt \cos \theta + \frac{m \varpi \alpha d\sigma}{g} \cos \varepsilon w_\rho dt;$$

posant $d\sigma = \psi dt$, et divisant tous les termes par $\varpi \alpha d\sigma$, il vient :

$$\frac{1}{2g}[d. (\psi^2) + 2w^2 \rho d\rho + 2d. (\psi w_\rho \cos \theta)] = - d\varphi + d\xi - \frac{B}{g} \frac{\varkappa}{\alpha} \psi' d\sigma - \frac{B}{g} \frac{\varkappa}{\alpha} \psi^2 w_\rho \cos \theta dt$$

$$+ \frac{m}{g} \cos \varepsilon w_\rho dt;$$

retranchant de cette dernière équation l'équation (A), déduite du principe des forces vives dans le mouvement relatif, il vient :

$$\frac{2}{g} w'\rho d\rho + \frac{1}{g} d. (\psi w_\rho \cos \theta) = \frac{m}{g} \cos \varepsilon w_\rho dt - \frac{B}{g} \frac{\varkappa}{\alpha} \psi^2 w_\rho \cos \theta dt;$$

multipliant les deux membres de l'équation par $\varpi \alpha d\sigma = \varpi \alpha \psi dt = \varpi a_1 u_1 dt$, il vient:

$$\frac{\varpi a_1 u_1 dt}{g} d. [w^2\rho' + \psi w_\rho \cos \theta] = \frac{m \varpi \alpha d\sigma}{g} \cos \varepsilon w_\rho dt - \frac{\varpi B}{g} \varkappa d\sigma \psi^2 w_\rho \cos \theta dt ;$$

Or, il est évident que le second membre de l'équation précédente pris avec le signe —, exprime le travail moteur transmis au canal mobile, pendant l'instant dt, par l'action totale de la tranche infiniment mince dont l'épaisseur est $d\sigma$, travail qui est une quantité infiniment petite du second ordre. Donc si l'on intègre les deux membres de l'équation depuis

$\sigma = o$ jusqu'à $\sigma = S$, en regardant le temps comme constant, l'intégrale du second membre exprimera le travail moteur élémentaire transmis au canal mobile, pendant l'instant dt, par la totalité du fluide qui le remplit dans cet instant, ce travail étant pris avec le signe —. D'ailleurs, l'intégrale du premier membre par rapport à la variable σ, entre les limites o et S est :

$$\varpi a_{\scriptscriptstyle 1} u_{\scriptscriptstyle 1} \left[w^2 (r_{\scriptscriptstyle 1}^2 - r_{\scriptscriptstyle 0}^2) + u_{\scriptscriptstyle 1} wr_{\scriptscriptstyle 1} \cos 6_{\scriptscriptstyle 1} - u_{\scriptscriptstyle 0} wr_{\scriptscriptstyle 0} \cos 6_{\scriptscriptstyle 0} \right] dt.$$

Si donc on désigne par $T dt$ le travail moteur transmis au canal pendant l'instant dt, on aura :

$$T dt = \frac{\varpi a_{\scriptscriptstyle 1} u_{\scriptscriptstyle 1} dt}{g} \left[w^2 (r_{\scriptscriptstyle 0}^2 - r_{\scriptscriptstyle 1}^2) + u_{\scriptscriptstyle 0} wr_{\scriptscriptstyle 0} \cos 6_{\scriptscriptstyle 0} - u_{\scriptscriptstyle 1} wr_{\scriptscriptstyle 1} \cos 6_{\scriptscriptstyle 1} \right];$$

dans laquelle on doit remarquer que T ne contient pas la variable t, attendu que le mouvement du fluide dans le canal est supposé arrivé à l'état permanent, ce qui fait que la vitesse ψ est une fonction de la seule variable indépendante σ, ainsi que l'action exercée par le liquide sur les éléments de la paroi du tuyau. T exprime donc le travail moteur total transmis au canal pendant l'unité de temps, et l'on a, en divisant l'équation précédente par dt, ou intégrant depuis t jusqu'à $t+1$,

$$T = \frac{\varpi a_{\scriptscriptstyle 1} u_{\scriptscriptstyle 1}}{g} \left[w^2 (r_{\scriptscriptstyle 0}^2 - r_{\scriptscriptstyle 1}^2) + u_{\scriptscriptstyle 0} wr_{\scriptscriptstyle 0} \cos 6_{\scriptscriptstyle 0} - u_{\scriptscriptstyle 1} wr_{\scriptscriptstyle 1} \cos 6_{\scriptscriptstyle 1} \right], \quad (A)$$

expression de laquelle les frottements ont disparu ainsi que les pressions $p_{\scriptscriptstyle 0}$ et $p_{\scriptscriptstyle 1}$, et dont j'ai fait usage dans le texte.

On remarquera que $wr_{\scriptscriptstyle 0} + u_{\scriptscriptstyle 0} \cos 6_{\scriptscriptstyle 0}$ est la projection de la vitesse absolue du liquide, à son entrée dans le canal mobile, sur un plan perpendiculaire à l'axe de rotation

$$\frac{\varpi a_{\scriptscriptstyle 1} u_{\scriptscriptstyle 1}}{g} (wr_{\scriptscriptstyle 0} + u_{\scriptscriptstyle 0} \cos 6_{\scriptscriptstyle 0}) r_{\scriptscriptstyle 0},$$

est donc le moment de la quantité de mouvement de la masse de liquide affluente dans l'unité de temps, par rapport à l'axe de rotation : de même,

$$\frac{\varpi a_i u_i}{g}\,(wr_i + u_i \cos \theta_i)\, r_i\,,$$

est le moment de la quantité de mouvement de la masse de liquide égale à la première qui sort du canal pendant l'unité de temps, par rapport au même axe. L'équation (A), qui peut être mise sous la forme :

$$T = \frac{\varpi a_i u_i}{g}\,[\,(wr_0 + u_0 \cos \theta_0)r_0 - (wr_i + u_i \cos \theta_i)r_i\,]\,w\,,$$

exprime donc que le travail transmis au canal mobile est égal au moment par rapport à l'axe de la quantité de mouvement perdue par la masse liquide affluente, pendant l'unité de temps, dans le sens du mouvement de rotation, ou acquise en sens inverse de ce mouvement de rotation, multiplié par la vitesse angulaire du canal, ce qui est une conséquence immédiate de l'équation générale de mécanique qui fournit le principe des aires.

En ayant égard à l'équation (B), et aux équations :

$$v_0^2 = u_0^2 + w'r_0^2 + 2u_0 wr_0 \cos \theta_0\,,$$
$$v_i^2 = u_i^2 + w'r_i^2 + 2u_i wr_i \cos \theta_i\,,$$

dans lesquelles v_0, v_i désignent les vitesses absolues respectives du fluide, aux orifices d'admission et d'écoulement du tuyau, on arrive à l'expression du travail transmis :

$$T = \varpi a_i u_i \left[\, p_0 - p_i + H + \frac{v_0^2 - v_i^2}{2g} - \frac{B}{g}\,a_i^2 u_i^2 \int_0^S \frac{z}{z^3}\,d\sigma \,\right],$$

qui est aussi une conséquence immédiate du principe des forces vives (*).

NOTE B.

Sur le calcul des quantités d'eau dépensées par les roues à tuyaux dans le cas où la vitesse relative de l'eau affluente n'est pas dirigée tangentiellement aux cloisons courbes.

La formule que j'ai appliquée, dans cet ouvrage, au calcul de la dépense d'eau des roues à tuyaux, suppose que la vitesse de l'eau ne subit aucune réduction, à son passage des tuyaux fixes adducteurs, dans les tuyaux mobiles de la roue. Il en est nécessairement ainsi, lorsque la composante $v \cos \epsilon$ de la vitesse de l'eau, à la sortie des tuyaux adducteurs, suivant la tangente à la circonférence de rayon r_0, est égale à la somme $wr_0 + u_0 \cos \alpha$ de la vitesse de rotation wr_0 des orifices d'admission des tuyaux mobiles, et de la composante de la vitesse relative u_0 suivant la tangente à la circonférence de rayon r_0.

Dans la relation

$$v \cos \epsilon = wr_0 + u_0 \cos \alpha,$$

il faut prendre pour la vitesse v le quotient obtenu en divisant la dépense d'eau par la somme des aires des orifices des tuyaux adducteurs, et pour la vitesse relative u_0, le quotient obtenu en divisant la dépense par la somme des aires des orifices d'admission des tuyaux mobiles.

Lorsque la condition précédente n'est point remplie, la vitesse de l'eau, à son passage des tuyaux fixes dans les tuyaux mobiles, doit éprouver une réduction analogue à celle qui est occasionnée par un coude à angle vif, dans la vitesse de l'eau qui circulerait dans un tuyau prismatique.

On a vu d'ailleurs que, lorsque le pourtour injecteur et le pourtour de la roue contenant les orifices d'admission des canaux mobiles avaient la même dimension, dans le sens perpendiculaire à la direction de la vitesse de rotation wr_0, les deux composantes $v \sin \epsilon$ et $u_0 \sin \alpha$, perpendiculaires à la direction de la vitesse de rotation wr_0, des vitesses de l'eau immédiatement avant, et immédiatement après son introduction dans les canaux mobiles étaient nécessairement égales entre elles. La composante de la vitesse de l'eau, suivant la tangente à la circonférence de rayon r_o, est donc seule altérée , et la perte de vitesse est égale à

$$v \cos \epsilon - wr_o - u_o \cos \alpha.$$

A cette altération de la vitesse correspond une perte de force vive égale à la force vive due à la vitesse perdue ou gagnée. Or, la vitesse de l'eau v, lorsqu'elle a pénétré dans les tuyaux mobiles, est la résultante de la vitesse wr_o et de la vitesse u_o qui comprennent entre elles l'angle α. Elle est donc égale à :

$$\sqrt{u_o^2 + w^2 r_o^2 + 2u_o wr_o \cos \alpha}.$$

Cette vitesse était égale à v, avant l'introduction du liquide dans les tuyaux adducteurs. D'un autre côté on peut supposer que la pression , dans le liquide en mouvement, a changé avec la vitesse. Si donc, en désignant toujours par h_o la pression exprimée en colonne d'eau qui a lieu dans le fluide à sa sortie des tuyaux adducteurs, avant le changement de vitesse, on appelle h' la pression exprimée aussi en colonne d'eau qui a lieu, après l'introduction dans les tuyaux mobiles et le changement de vitesse, on a , en admettant que la perte de force vive est égale à la force vive due aux vitesses perdues ou gagnées :

$$u_o^2 + w^2 r_o^2 + 2u_o wr_o \cos \alpha - v^2 = 2g(h_o - h') - (v \cos \epsilon - wr_o - u_o \cos \alpha)^2. \qquad (m)$$

Telle est l'équation du mouvement de l'eau , au passage des tuyaux fixes dans les tuyaux mobiles, que j'ai établie dans le mémoire présenté à l'Académie des sciences , le 23 juillet 1838.

Les autres équations du mouvement de l'eau sont d'ailleurs les mêmes que celles que l'on trouve dans le corps de l'ouvrage. Ainsi on a , pour le mouvement de l'eau , depuis la surface du réservoir alimentaire jusqu'aux orifices des tuyaux adducteurs :

$$v^2 = 2\mu^2 g(h + z_o - h_o); \qquad (1)$$

pour l'équation du mouvement relatif de l'eau dans les tuyaux de la roue :

$$u_1^2 - u_0^2 = w^2(r_1^2 - r_0^2) + 2g(h' + z_1 - h_1) - Ku_1^2; \qquad (2)$$

et enfin pour l'équation qui exprime que tous les canaux fixes et mobiles sont entièrement pleins d'eau, et la débitent à gueule bée :

$$Av = A_0 u_0 = A_1 u_1 = Q. \qquad (3)$$

De la combinaison des équations (1), (2) et (m), on tire sans difficulté, en observant que $h_1 + z_0 + z_1 - h_1 = H$, la chute totale :

$$u_1^2 + w^2 r_0^2 + 2u_0 w r_0 \cos\alpha + v^2\left(\frac{1}{\mu^2} - 1\right) = 2gH + w^2 r_1^2 - w^2 r_0^2 - (v\cos\delta - wr_0 - u_0\cos\alpha)^2 - Ku_1^2;$$

développant le dernier terme du second membre, réduisant et remplaçant enfin v et u_0 par leurs valeurs, $\dfrac{A_1 u_1}{A}$ et $\dfrac{A_1 u_1}{A_0}$, il vient :

$$u_1^2\left[1 + K + \left(\frac{1}{\mu^2} - 1\right)\frac{A_1^2}{A^2} + A_1^2\left(\frac{\cos\delta}{A} - \frac{\cos\alpha}{A_0}\right)^2\right] + 2A_1\left\{\frac{2wr_0\cos\alpha}{A_0} - \frac{wr_0\cos\delta}{A}\right\} =$$

$$= 2gH + w^2 r_1^2 - 3w^2 r_0^2.$$

Cette équation appliquée au calcul des quantités d'eau débitées par la roue de 25 aubes, dépourvue de tuyaux adducteurs, dans les expériences du tableau D, page 34, fournit avec un degré d'approximation très-grand, les quantités d'eau observées correspondantes à des vitesses angulaires de la roue qui ne sont ni très-petites, ni très-grandes et voisines de celle que la roue prend, lorsqu'elle tourne sans charge.

Néanmoins, comme l'équation dans laquelle on néglige l'influence du choc de l'eau contre les cloisons mobiles de la roue, fournit les dépenses avec un degré d'approximation suffisant dans la pratique, pour toutes les vitesses que la roue peut prendre utilement, j'ai cru pouvoir me dispenser d'insérer dans le texte l'équation plus compliquée dans laquelle j'ai cherché à tenir compte de l'influence du choc, équation dont les résultats cessent d'ailleurs d'être d'accord avec ceux de l'expérience, pour les vitesses de la roue où le choc exerce réellement une très-forte influence sur la dépense, par suite de l'obliquité considérable de la vitesse relative de l'eau affluente sur les cloisons mobiles.

M. Poncelet, dans le mémoire sur les turbines de M. Fourmeyron, qu'il a présenté à l'Académie des sciences à la même époque où je lui soumettais mes premières recherches sur les roues à tuyaux, considère aussi ces turbines comme formées de tuyaux remplis d'eau. Il tient compte dans ses calculs de l'influence du choc sur la dépense, et arrive à une équation différente de la mienne.

La méthode qu'il suit et que j'ai adoptée, dans mon supplément au traité de l'aérage, publié dans les Annales des mines, postérieurement au travail de M. Poncelet, consiste à supposer que l'eau pénètre dans les canaux mobiles avec une vitesse absolue égale à v, qu'elle vient rencontrer avec cette vitesse, la masse d'eau qui remplit les tuyaux mobiles et qui y circule avec une vitesse relative égale à $\dfrac{A_{,}u_{,}}{A_{0}}$, et une vitesse absolue égale à la résultante de cette vitesse relative et de la vitesse de rotation wr_{0}. La vitesse perdue étant la différence des composantes tangentielles à la circonférence de rayon r_{0}, de la vitesse v, et de la vitesse absolue, après que l'eau a pris la vitesse relative de régime déterminée par la section des tuyaux mobiles, est égale à :

$$v \cos 6 - wr_{0} - \frac{A_{,}u_{,}}{A_{0}} \cos \alpha \,;$$

désignant d'ailleurs par u_{0} la vitesse relative avec laquelle le fluide sort des tuyaux adducteurs, vitesse qui demeure toujours égale à

$$\sqrt{v^{2} + w^{2}r_{0}^{2} - 2vwr_{0}\cos 6}\,,$$

on a, d'après le principe des forces vives, l'équation suivante du mouvement relatif :

$$u_{,}^{2} - u_{0}^{2} = w^{2}(r_{,}^{2} - r_{.}^{2}) + 2g(h_{0} + z_{,} - h_{,}) - Ku_{,}^{2} - \left(v\cos 6 - wr_{0} - \frac{A_{,}u_{,}}{A_{.}}\cos \alpha\right)^{2};$$

les équations :

$$v^2 = 2\mu^2 g\,(h + z_0 - h_0),$$
$$u_0{}^2 = v^2 + w^2 r_0{}^2 - 2vwr_0 \cos\varepsilon,$$
$$Av = A_0 u_0 = A_i u_i = Q.$$

subsistent toujours, et on tire de la combinaison de ces équations, l'équation finale :

$$u_i{}^2 \left[1 + K + \left(\frac{1}{\mu^2} - 1 \right) \frac{A_i{}^2}{A^2} + A_i{}^2 \left(\frac{\cos\varepsilon}{A} - \frac{\cos\alpha}{A_0} \right)^2 \right] + 2A_i \left(\frac{wr_0\cos\alpha}{A_0} - \frac{wr_0\cos\varepsilon}{A_i} \right) =$$
$$= 2gH + w^2 r_i{}^2 - w^2 r_0{}^2.$$

Le mode de calcul de M. Poncelet me paraît plus rationnel que celui que j'ai suivi, en ce qu'il suppose que la variation de vitesse de l'eau n'a lieu qu'après qu'elle a franchi les orifices d'admission des canaux mobiles, tandis que le mien suppose que la variation de vitesse a lieu dans l'intervalle très-petit qui se trouve entre les tuyaux adducteurs fixes et les tuyaux mobiles. Cependant, l'équation finale à laquelle arrive M. Poncelet, ne représente pas, je crois, mieux que la mienne les résultats des expériences dans lesquelles le choc exerce une grande influence. Cela tient sans doute à ce que le liquide peut arriver à une assez grande profondeur dans les canaux mobiles, avant que le mouvement y soit devenu assez régulier pour qu'on puisse appliquer à ce mouvement, sans une erreur considérable, l'hypothèse du parallélisme des tranches, de sorte que la vitesse initiale du liquide remplissant les tuyaux mobiles, n'est pas égale à $\dfrac{A_i u_i}{A_0}$. Au surplus, cette discussion n'a qu'un intérêt purement théorique : car il paraît certain, je le répète, que pour toutes les vitesses que la roue peut prendre *utilement*, on peut négliger l'influence du choc, et se borner à appliquer les équations que j'ai données dans le texte de l'ouvrage, au calcul de la dépense.

NOTE C.

Sur une disposition particulière des roues à poires ou Danaïdes (*).

Lorsqu'une roue à palettes à axe vertical est mue par l'impression d'une veine liquide, qui , après avoir rencontré les palettes , coule sur leur surface et les abandonne à une distance de l'axe fixe différente de celle où elle est entrée , il résulte du principe des forces vives , que si les particules liquides n'éprouvent aucune variation brusque de vitesse ni à la rencontre des palettes, ni pendant leur trajet dans la roue, le travail transmis à celle-ci, dans l'unité de temps , est exprimé par :

$$(A) \qquad \frac{Q}{2g} (V^2 + 2gh - V_1^2),$$

Q désignant le poids de l'eau affluente dans l'unité de temps ,
V la vitesse dans la veine liquide incidente ,
V_1 la vitesse absolue dont les particules liquides sont animées , quand elles abandonnent la palette ,
h la projection verticale de la trajectoire parcourue par les particules fluides sur la surfaces des palettes ou aubes.

D'autre part , si l'on désigne par u_0, u_1 les vitesses relatives dont les particules liquides sont respectivement animées , immédiatement avant d'agir sur la roue, et au moment où elles l'abandonnent; par w la vitesse angulaire uniforme de la roue; par r_0, r_1 les distances à l'axe des points où la veine liquide entre dans la roue et sort de cette roue, j'ai

---

(*) Cette note est relative à une roue différente, dans son principe, de celles dont j'ai traité dans cet ouvrage. C'est une roue à palettes sur laquelle l'eau coule librement, et non une roue à tuyaux. J'ai indiqué cette forme et donné la théorie que j'expose ici , dans mes leçons à l'École royale des mines , pendant l'hiver de 1842-43.

fait voir que le travail transmis à la roue, dans l'unité de temps, par la pression des particules liquides sur les palettes était aussi exprimé par :

$$(\text{B}) \qquad \frac{Q}{g}\,[w^2(r_0{}^2 - r_{_\text{\tiny,}}{}^2) + u_0 wr_0 \cos(\widehat{u_0,\ wr_0}) - u_{_\text{\tiny,}} wr_{_\text{\tiny,}} \cos(\widehat{u_{_\text{\tiny,}},\ wr_{_\text{\tiny,}}})].$$

(Voyez l'introduction à mon cours de mécanique appliquée et la note précédente).

On déduit des lois de la composition des forces et du principe des forces vives, dans les mouvements relatifs, les relations suivantes entre les vitesses relatives u_0, $u_{_\text{\tiny,}}$ et les vitesses V et $V_{_\text{\tiny,}}$.

$$(1) \qquad u_0{}^2 = V^2 + w^2 r_0{}^2 - 2Vwr_0 \cos(\widehat{V,\ wr_0}),$$

$$(2) \qquad u_{_\text{\tiny,}}{}^2 - u_0{}^2 = 2gh + w^2(r_{_\text{\tiny,}}{}^2 - r_0{}^2),$$

$$(3) \qquad V_{_\text{\tiny,}}{}^2 = u_{_\text{\tiny,}}{}^2 + w^2 r_{_\text{\tiny,}}{}^2 + 2u_{_\text{\tiny,}} wr_{_\text{\tiny,}} \cos(\widehat{u_{_\text{\tiny,}},\ wr_{_\text{\tiny,}}}),$$

$$(a) \qquad V^2 = u_0{}^2 + w^2 r_0{}^2 + 2u_0 ur_0 \cos(\widehat{u_0,\ wr_0}).$$

On voit en combinant l'équation (a) et les équations (2) et (3) que les deux expressions différentes (A) et (B) du travail moteur transmis à la roue dans l'unité de temps rentrent l'une dans l'autre.

Parmi les formes diverses que l'on a données ou que l'on peut donner aux roues à palettes mues par l'impression d'une veine liquide, l'une des plus simples et des plus remarquables est celle dans laquelle les palettes sont des cloisons planes et verticales qui vont se couper suivant l'axe vertical de la roue. Alors l'angle $(\widehat{u_{_\text{\tiny,}},\ wr_{_\text{\tiny,}}})$ est droit, quel que soit le point du pourtour de la palette par lequel s'écoulent les particules fluides.

On a donc : $\cos(\widehat{u_{_\text{\tiny,}},\ wr_{_\text{\tiny,}}}) = 0$.

Ce qui réduit l'expression (B) du travail transmis à la roue, à :

$$(\text{B}') \qquad \frac{Q}{g}\,[w^2(r_0{}^2 - r_{_\text{\tiny,}}{}^2) + u_0 wr_0 \cos(\widehat{u_0,\ wr_0})].$$

D'ailleurs l'addition membre à membre des équations (1), (2) et (3) donne :

$$V_{,}^{2} = V^{2} + 2gh + 2w^{2}r_{0}^{2} - 2Vwr_{0}\cos(\widehat{V,\ wr_{0}}). \qquad (m)$$

Cette valeur substituée dans l'expression (A) du travail transmis à la roue réduit celle-ci à :

$$(A') \qquad \frac{Q}{g}\,[Vwr_{0}\cos[V,\ wr_{0})-w^{2}r_{,}^{2}].$$

Les expressions (A') et (B') coïncident d'ailleurs en vertu des relations (a), (1), (2) et (3) où on fait $\cos(\widehat{u_{,},wr_{,}})=0$.

Pour que l'expression (A') soit la plus grande possible, il faut que le terme soustractif $w^{2}r_{,}^{2}$ s'évanouisse, ce qui exige que $r_{,}=0$, c'est-à-dire que les particules liquides sortent de la roue à une distance nulle de l'axe. L'expression (A') du travail transmis se réduit alors à :

$$\frac{Q}{g}\ Vwr_{0}\cos(\widehat{V,\ wr_{0}}),$$

et elle est la plus grande possible, toutes choses égales d'ailleurs, lorsque $\cos(\widehat{V,wr_{0}})=1$, c'est-à-dire quand l'angle $(\widehat{V,wr_{0}})$ est nul et que la veine jaillit sur la roue dans la direction de la vitesse wr_{0}, c'est-à-dire normalement aux palettes. Elle se réduit dans ce cas, à $\frac{Q}{g}V\,wr_{0}$.

Les hypothèses précédentes $\cos(\widehat{V,wr_{0}})=1$ et $r_{,}=0$, réduisent d'ailleurs l'équation (m) à :

$$V_{,}^{2} = V^{2}+2gh - 2Vwr_{0},$$

d'où :

$$Vwr_{0} = \frac{V^{2}+2gh-V_{,}^{2}}{2}.$$

$V^{2}+2gh$ est une quantité déterminée, pour une chute donnée. Car en désignant par h' la hauteur du niveau de l'eau dans le réservoir au-dessus du point où la veine atteint la roue, on a, en supposant que les résistances passives à la sortie de la veine du réservoir soient évitées : $V'=2gh'$ et $V^2+2gh=2g\,(h+h')$, $h+h'$ étant la hauteur totale de la chute : $V\,wr_0$ est donc un maximum, et le travail transmis est égal au travail moteur total de la chute d'eau, lorsque $V_1=0$, ce qui donne entre V, wr_0, et la hauteur h la relation :

$$V wr_0 = \frac{V^2 + 2gh}{2}.$$

Une roue à axe vertical et à palettes planes pourra donc utiliser le travail moteur total d'une chute d'eau, ou d'une veine liquide jaillissant d'un réservoir où le niveau sera entretenu constant, si l'on parvient à réaliser toutes les conditions exprimées dans la discussion précédente et qui sont :

Premièrement, que la vitesse des particules liquides affluentes ne soit point détruite ou altérée par le choc contre les palettes planes et verticales, au moment de la rencontre des palettes par la veine ;

Secondement, que la veine liquide jaillisse dans une direction horizontale normale aux palettes et au rayon vecteur r_0 ;

Troisièmement, que les particules liquides entrées à une certaine distance de l'axe soient obligées de couler sur les palettes en se rapprochant de celui-ci, de manière à ce qu'elles arrivent et s'écoulent au bas de la roue, à une distance nulle ou (dans la pratique) fort petite de l'axe ;

Quatrièmement, que la relation entre les vitesses V, wr_0, et la hauteur h exprimée par l'équation $V wr_0 = \dfrac{V^2+2gh}{2}$, soit satisfaite.

Quant aux deux premières conditions, elles seront évidemment remplies, si la vitesse V de la veine est dirigée horizontalement et normalement aux palettes planes, et si elle est égale à la vitesse wr_0 du point où la veine rencontre les palettes. Ainsi il faudra que $V = wr_0$.

Pour que les particules liquides aillent sortir au bas de la roue à une fort petite distance de l'axe, il suffira d'enfermer les palettes planes dans une enceinte ayant la forme d'un cône tronqué dont la petite base sera au bas de la roue, à la partie inférieure de la chute, en laissant à la petite base du tronc de cône un rayon suffisant pour que l'eau affluente puisse s'écouler par les compartiments qui subsisteront au bas de la roue, avec une très-petite vitesse relative. Il sera d'ailleurs convenable que l'enveloppe conique tourne avec la roue, au lieu d'en être indépendante, tant pour éviter les pertes d'eau auxquelles donneraient lieu le jeu qu'il faudrait laisser entre les bords des palettes et une enceinte fixe, que pour éviter le frottement de l'eau contre cette enceinte fixe.

La condition $V = wr_0$ jointe à la relation

$$V wr_0 = \frac{V^2 + 2gh}{2} \, ,$$

donne

$$V = wr_0 = \sqrt{2gh} \cdot$$

Il résulte de là que la hauteur du niveau de l'eau dans le réservoir, hauteur génératrice de la vitesse V dont la veine fluide est animée, quand elle jaillit sur la roue, doit être précisément égale à la hauteur h de la roue, c'est-à-dire que la roue doit diviser la chute en deux parties égales, et que la vitesse wr_0 du point où les palettes sont frappées par la veine liquide doit être égale à la vitesse de la veine incidente, c'est-à-dire à-dire à la vitesse due à la moitié de la hauteur de la chute totale. Cette dernière condition étant remplie, il faut, pour que les particules liquides ne cessent pas de s'appuyer sur les palettes rencontrées par elles, que la rencontre de la veine liquide et des palettes ait lieu au point où ces palettes viennent couper l'enveloppe conique de la roue.

Une roue établie d'après les principes développés ci-dessus pourra donc consister simplement en un cône tronqué relié à un arbre vertical par des cloisons planes qui se couperont suivant l'axe de l'arbre et du cône; les cloisons devront être nombreuses. La hauteur du tronc de cône sera la moitié de celle de la chute totale. L'eau motrice sortira du réservoir établi au-dessus de la roue par un ou plusieurs becs disposés symétriquement autour de l'axe, et disposés de façon que les veines liquides émises par les becs jaillissent suivant une direction presque horizontale. Il conviendra de les incliner légèrement en dessous du plan horizontal, afin que les veines liquides atteignent plus tôt les cloisons planes. L'eau sera lancée tangentiellement dans l'intérieur de la surface conique, de manière à la rencontrer immédiatement au-dessus de la tranche supérieure de ces cloisons.

La vitesse des points de la partie supérieure de la roue devra être un peu moindre que celle de l'eau affluente, c'est-à-dire que la vitesse due à la moitié de la hauteur de la chute totale, en supposant les becs disposés de manière à ne donner lieu à aucune perte de vitesse.

Il semble d'abord que le rayon de la grande base du tronc de cône peut être pris à volonté plus grand ou plus petit, suivant que l'on aura besoin que la roue prenne une vitesse angulaire plus petite ou plus grande, pour le genre de travail que l'on se proposera d'exécuter. Il n'en est cependant pas ainsi; car si les génératrices du tronc de cône enveloppe formaient avec le plan horizontal un angle inférieur à une limite qui va être déterminée, les particules d'eau que nous avons supposées être lancées dans une direction horizontale, et tangentiellement au pourtour intérieur de la surface conique remonteraient au lieu de descendre sur cette surface et pourraient être rejetées par-dessus ses bords par l'action de la force centrifuge. Soit α l'angle compris entre l'apothème du tronc de cône et l'axe de la roue; la composante de la pesanteur suivant l'apothème sera $g\cos\alpha$. La vitesse initiale du liquide arrivant étant égale à wr_0, la force centrifuge correspondante à cette vitesse est égale à w^2r_0, et sa composante suivant l'apothème à $w^2r_0\sin\alpha$. Si cette composante était égale à celle de la gravité, les particules liquides seraient maintenues en équilibre, par l'action de la force centrifuge sur la surface conique, et tourneraient avec elle, sans prendre aucune vitesse relative. Si $w^2r_0\sin\alpha$ était $> g\cos\alpha$, l'action de la force centrifuge serait prépondérante sur celle de la gravité, et les particules fluides s'élèveraient sur la surface conique. Elles prendraient sur cette surface une vitesse relative qui serait dirigée en sens inverse du mouvement de rotation de la roue, et seraient rejetées par-dessus ses bords, si ceux-ci n'étaient pas suffisamment élevés au-dessus du point d'introduction de la veine liquide.

Quand bien même ces bords seraient assez élevés pour ne pas permettre la sortie des particules liquides, celles-ci redescendraient sur la surface conique après avoir atteint leur élévation maximum, en serpentant sur cette surface avec une vitesse relative qui serait en sens inverse du mouvement de rotation supposé de la roue. Elles pourraient ainsi osciller quelque temps au-dessus des cloisons planes, et comme l'action du frottement abaisserait les limites supérieures et inférieure de l'oscillation, elles s'engageraient bientôt entre les cloisons : mais leur vitesse relative serait alors dirigée en sens contraire du mouvement de rotation de la roue, et elles commenceraient par presser les cloisons par derrière, de manière à contrarier le mouvement de la roue, jusqu'à ce qu'elles fussent poussées vers les cloisons antérieures des compartiments, par suite des pressions même des cloisons et de l'enveloppe de la roue sur elles. Ces mouvements des filets liquides seraient évidemment accompagnés d'une perte notable de force vive. Dans le cas contraire où l'on a : $w'r_0 \sin\alpha < g\cos\alpha$, la gravité l'emportera dans les premiers instants sur l'action de la force centrifuge. Les particules liquides serpenteront en descendant sur la surface conique, en prenant une vitesse relative dirigée dans le sens de la vitesse de rotation. Elles viendront en conséquence rencontrer les cloisons planes qu'elles frapperont dans le sens convenable pour entretenir le mouvement de rotation de la roue, et ne cesseront de les presser dans le même sens qu'en les abandonnant au bas de la roue. Tout ce qui précède est une conséquence facile à déduire des équations du mouvement d'un point matériel pesant sur une surface conique dont l'axe est vertical. .

Il serait donc nécessaire, si l'on adoptait la forme d'un simple tronc cône pour l'enveloppe de la roue, la veine liquide étant lancée tangentiellement au pourtour de cette surface, que l'ont eût entre la vitesse angulaire de la roue, le rayon r_0 et l'angle α, la relation

$$w'r_0 \sin\alpha < g\cos\alpha.$$

Or, wr_0 est la vitesse de la veine liquide, vitesse égale à $\sqrt{2gh}$, h étant la hauteur de la roue ou la moitié de la hauteur de la chute. La relation précédente revient donc à celle-ci :

$$2gh \sin \alpha < gr_{0} \cos \alpha ,$$

ou

$$\tang \alpha < \frac{r_{0}}{2h}.$$

C'est-à-dire que la tangente du demi-angle au centre du tronc de cône doit être égale au rapport du rayon r_{0} de la base supérieure à la hauteur totale de la chute ; la roue ayant une hauteur égale à la moitié de celle de la chute, il résulte de là que les rayons des bases supérieure et inférieure du tronc de cône devraient être dans le rapport de 2 à 1. Mais le rayon de la base inférieure devant être très-petit, pour que la vitesse absolue de l'eau sortante soit petite, on voit que l'angle au centre du tronc de cône devra toujours être fort aigu. Cette condition donnerait évidemment presque toujours lieu à des difficultés de construction.

L'équation qui donne la vitesse relative des particules liquides arrivées au bas de la roue, est :

$$u_{i}^{2} - u_{0}^{2} = w^{2}(r_{i}^{2} - r_{0}^{2}) + 2gh ;$$

si on désigne par u la vitesse relative de ces particules en un point quelconque du trajet parcouru dans la roue, par z l'élévation de ce point au-dessus du bas de la roue, et par r la distance de l'enveloppe à l'axe vertical, correspondante à l'ordonnée verticale z, on a :

$$u^{2} - u_{0}^{2} = w^{2}(r^{2} - r_{0}^{2}) + 2g(h - z).$$

Les particules liquides continueront à descendre dans la roue et ne seront pas rejetées par l'action de la force centrifuge, si u ne devient nul que pour $z = 0$, et conserve une valeur réelle pour toute valeur positive de z.

D'ailleurs, la condition théorique du bon établissement de ces roues est : $u_{0}^{2} = 0$, $w^{2}r_{0}^{2} = 2gh$, ce qui réduit la valeur de u^{2} à :

$$u^{2} = w^{2}r^{2} - 2gz.$$

Afin qu'elle demeure réelle, pour une valeur quelconque positive de z, il faut que l'on ait constamment :

$$w'r' > 2gz;$$

or, il suffit pour cela que le méridien de la surface de révolution enveloppe de la roue, soit une courbe extérieure à la parabole qui aurait son sommet au bas de la roue, son axe dirigé suivant l'axe de la roue, et dont l'ordonnée correspondante à $z = h$, serait égale au rayon r_0 de la partie supérieure de la roue.

J'ai signalé aux élèves de l'École des mines, dans les leçons que j'ai faites en 1842 — 1843, la forme et les principes de la construction des roues à axe vertical qui sont l'objet de cette note, comme un cas particulier remarquable de la théorie générale des roues à palettes tournant autour d'un axe vertical. Il paraît qu'il a existé autrefois dans les montagnes du département de l'Ardèche, des roues à peu près semblables, et qui utilisaient bien la force motrice du cours d'eau. C'est du moins ce qui m'a été dit, dans le courant du mois de mai dernier, par M. Canson d'Annonay.

Du reste, il est évident que cette forme de roues ne peut convenir que pour de faibles volumes d'eau, et des chutes d'une hauteur médiocre. Avec de grands volumes d'eau et des chutes basses, il serait impossible d'approcher de la double condition $r_1 = 0$, $u_1 = 0$, puisque l'orifice inférieur de la roue doit en définitive débiter le volume d'eau affluent. Pour des chutes élevées, la hauteur de la roue serait embarrassante.

Des chutes et des volumes d'eau variables entre des limites un peu étendues, ne me paraissent pas non plus pouvoir être utilisés convenablement avec de pareilles roues ; elles ont en leur faveur, quand le volume d'eau et la hauteur de la chute sont favorables à leur établissement, une grande simplicité de construction. Mais les roues à tuyaux ou à réaction, dont la construction est beaucoup moins simple, se prêtent bien mieux aux circonstances variées que présentent les chutes d'eau.

On sait que M. Burdin a déjà construit et décrit des roues hydrauliques prenant l'eau à la moitié de la hauteur de la chute totale.

Il résulte de la note insérée dans le compte rendu de la séance du 10 juillet 1843 de l'Académie des sciences, que des roues récemment construites par M. Sarrus, et auxquelles il donne le nom de *rouets enveloppés*, prennent aussi l'eau à la moitié de la hauteur de la chute, et doivent être fort analogues au genre de roues à poire ou danaïdes que j'avais indiquées dans mes leçons à l'École des mines.

FIN.

ERRATA.

Page 7, ligne 5, en remontant, *au lieu de* il est également, *lisez* : il est généralement.

— 8, — 3, *id.* *au lieu de* $u_0 = \dfrac{A \sin \alpha}{A_1 u_1}$, *lisez* : $u_0 = \dfrac{A_1 u_1}{A \sin \alpha}$

— 10, — 4, *id.* *au lieu de* $u_1 = \sqrt{\dfrac{2g\mathrm{H}}{\mathrm{K} + \dfrac{A_1^2}{A^1}\left(\dfrac{1}{\mu^2}-1\right)+2\dfrac{A_1 r_0}{A r_1}\cos \zeta}}$

lisez : $u_1 = \sqrt{\dfrac{2g\mathrm{H}}{\mathrm{K} + \dfrac{A_1^2}{A^2}\left(\dfrac{1}{\mu^2}-1\right)+2\dfrac{A_1 r_0}{A r_1}\cos \zeta}}$

— 23, — 1re, *id.* *au lieu de* $2990\,\mathrm{Q} =$, *lisez* : $299\,\mathrm{Q} =$

— 24, — 4, *id.* *au lieu de* la normale cd menée, *lisez* : la normale menée.

— 46. — 1re, *id.* *au lieu de* $\dfrac{\mathrm{P}}{g}(u - wr_1)wr$, *lisez* : $\dfrac{\mathrm{P}}{g}(u_1 - wr_1)wr_1$

— 46, — 8, en descendant, *au lieu de* sous la chute, *lisez* : sous chaque chute.

— 55, — 9, *id.* *au lieu de* puisqu'elles tournent, *lisez* : puisqu'elles tournent sous l'eau.

— 63, — 12, *id.* *au lieu de* la roue s', *lisez* : la roue s.

— 64, — 2, en remontant, *au lieu de* la vanne est fermée, *lisez* : la vanne est ouverte.

— 69, — 17, en descendant, *au lieu de* $v_1^2(1+\mathrm{K}) =$, *lisez* : $u_1^2(1+\mathrm{K}) =$

— 84, — 1re, en remontant, *au lieu de* $\zeta = 26°5'$, *lisez* : $\zeta = 26°5'$

— 90, — 2, *id.* *au lieu de* $\alpha_0 d\varphi \sqrt{dt}$, *lisez* : $-\alpha_0 d\varphi \sqrt{dt}$

— 101, — 5, en descendant, *au lieu de* précédente, *lisez* : A

— 106, — 7. *id.* *au lieu de* supérieures, *lisez* : supérieure.

— 106, — 7. en remontant, *au lieu de* cône, *lisez* : de cône.

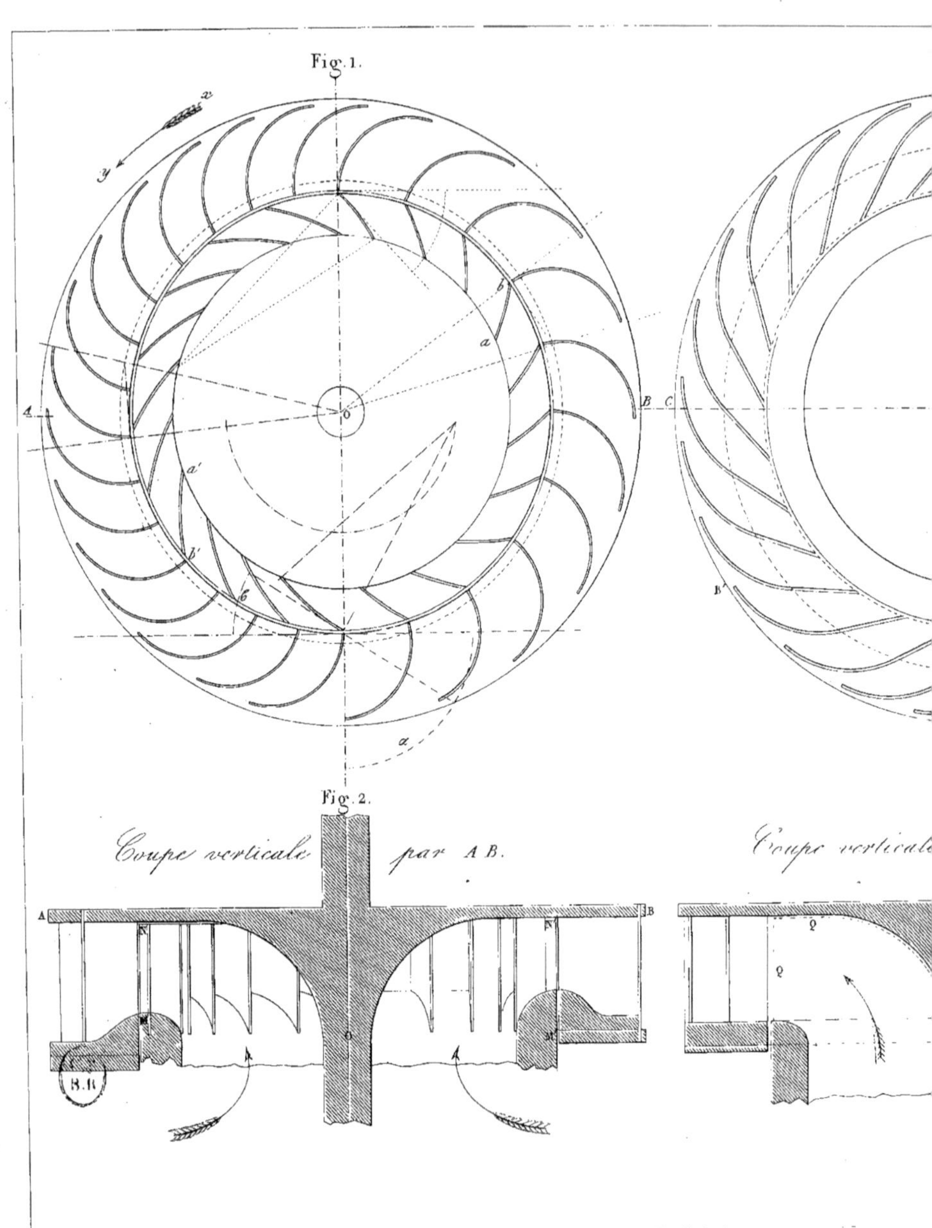

Fig. 1.
Fig. 2.
Coupe verticale par A.B.
Coupe verticale

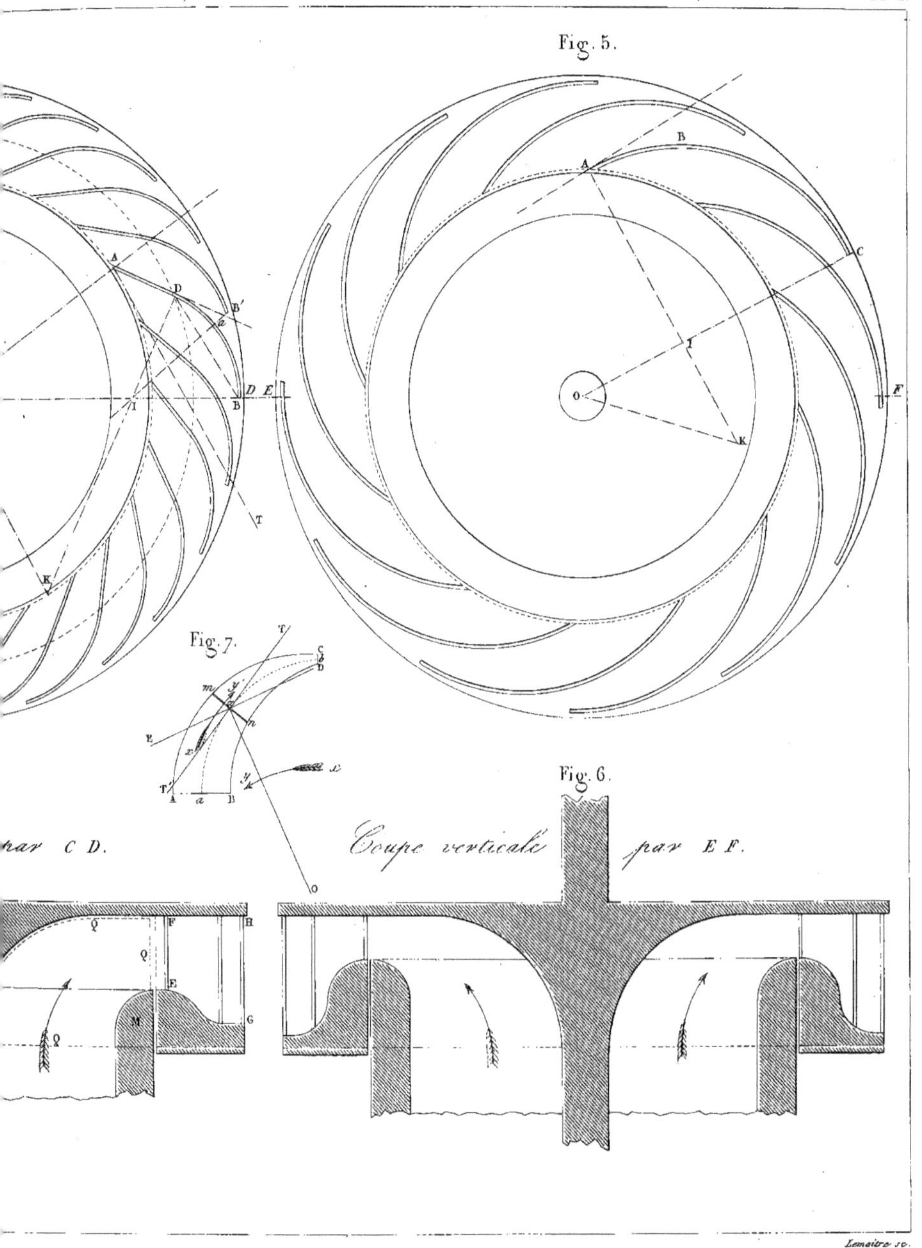

Fig. 5.
A
B
C
O
I
K
Fig. 7.
T
C
D
m
n
E
x
y
T
A
a
B
Fig. 6.
par C D.
Coupe verticale par E F.
Q
F
H
Q
E
M
G
O
A
D
B'
a
D E
B
I
T
K

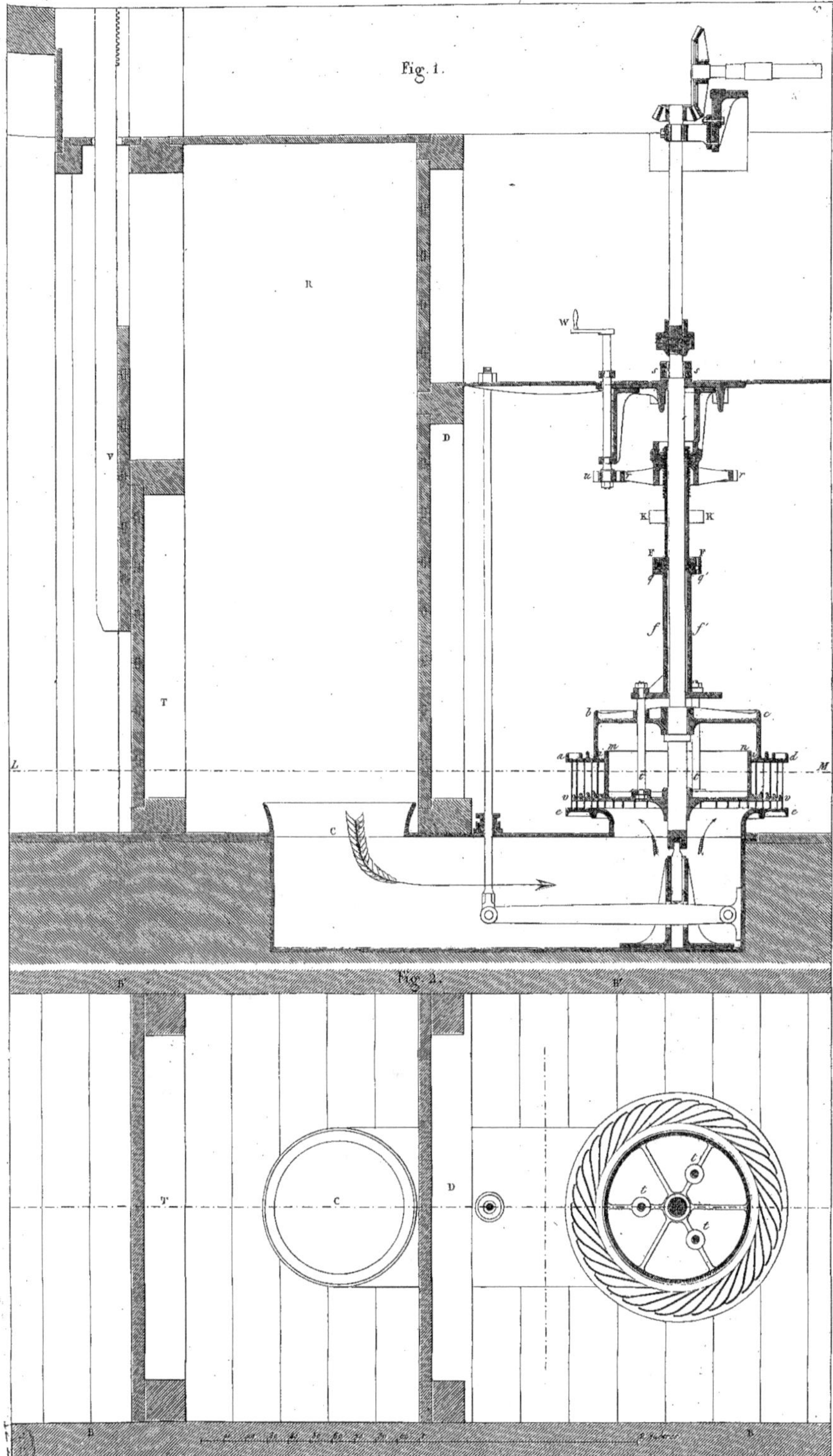

Fig. 1.
Fig. 2.
Lemaitre sc.

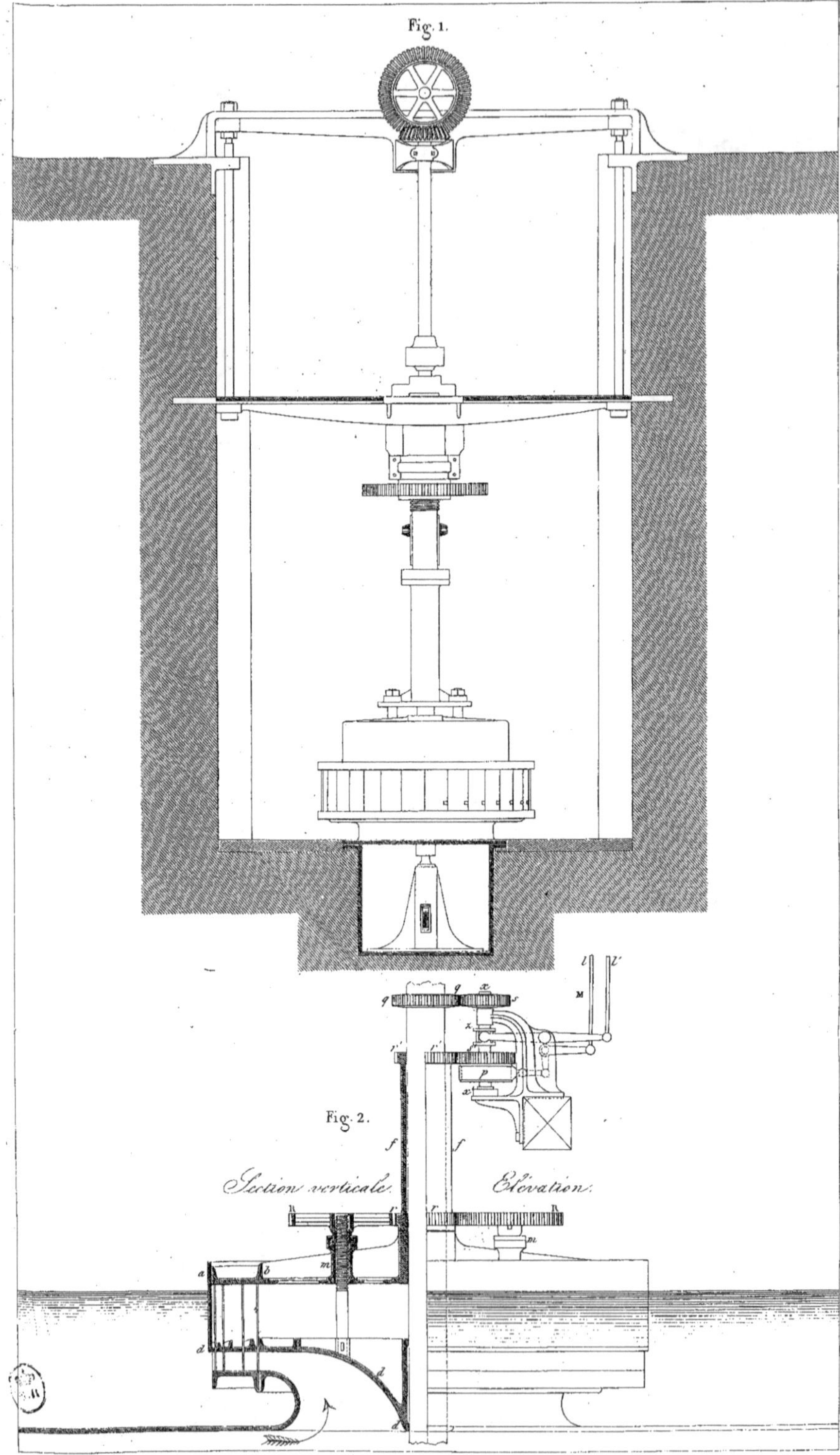

Fig. 1.
Fig. 2.
Section verticale.
Élévation.
Lemaitre sc.